★★★★★

世界王牌武器入门之

手枪

PISTOL

军情视点 编

化学工业出版社
·北京·

本书精心选取了世界各国研制的近200种手枪，涵盖了半自动手枪、全自动手枪、左轮手枪等不同种类的手枪。书中对每种手枪以简洁精炼的文字介绍了其历史、性能以及装备情况等方面的知识。为了增强阅读趣味性，并加深读者对手枪的认识，还专门介绍了手枪在一些电影作品中的登场表现。

本书内容结构严谨、分析讲解透彻，图片精美丰富，不仅带领读者熟悉手枪发展历程，而且还可以了解手枪的结构性能等，特别适合作为广大军事爱好者的参考资料和青少年朋友的入门读物。

图书在版编目(CIP)数据

世界王牌武器入门之手枪 / 军情视点编. —北京：化学工业出版社，2018.7（2023.3重印）
ISBN 978-7-122-32159-6

Ⅰ. ①世… Ⅱ. ①军… Ⅲ. ①手枪-介绍-世界 Ⅳ. ①E922.11

中国版本图书馆CIP数据核字（2018）第096781号

责任编辑：徐 娟　　装帧设计：中海盛嘉
责任校对：王素芹　　封面设计：刘丽华

出版发行：化学工业出版社(北京市东城区青年湖南街13号　邮政编码100011)
印　　装：涿州市般润文化传播有限公司
787mm×1092mm　1/16　印张 $6\frac{1}{2}$　字数 200千字　2023年3月北京第1版第4次印刷

购书咨询：010-64518888　　售后服务：010-64518899
网　　址：http://www.cip.com.cn
凡购买本书，如有缺损质量问题，本社销售中心负责调换。

定　　价：39.80元

前言

手枪主要用于单手射击，它是出现时间最早的枪械种类之一，也是最常见的轻武器。从警察执法、军人自卫到射击运动，都可以见到手枪的身影。其目的主要用以杀伤50米内的有生目标。

20世纪是手枪发展最为活跃时期，时至今日，历经百年磨炼的手枪愈发呈现出异彩纷呈的局面。目前，国外装备的手枪，从口径上看，大多是9毫米的口径，少量的是7.65毫米、7.62毫米、11.43毫米。今后手枪的发展主要要求是重量轻、便于携行和操作方便，弹药在50米内有致命效果并可以对付穿防弹衣的对手。

各国人心中都有挥之不去、引以为傲的著名手枪，比如美国人将M1911手枪视为传奇，德国军人将鲁格P08手枪看作荣誉，而在全世界射击游戏爱好者眼中，“沙漠之鹰”是威力的终极体现。本书精心选取了世界各国研制的近200种手枪，涵盖了半自动手枪、全自动手枪、左轮手枪等不同种类的枪械。每种手枪以简洁精炼的文字介绍了其历史、性能以及装备情况等方面的知识。为了增强阅读趣味性，并加深读者对手枪的认识，还专门介绍了手枪在一些电影作品中的登场表现。

作为传播军事知识的科普读物，最重要的就是内容的准确性。本书的相关数据资料均来源于国外知名军事媒体和军工企业官方网站等权威途径，坚决杜绝抄袭拼凑和粗制滥造。在确保准确性的同时，我们还着力增加趣味性和观赏性，尽量做到将复杂的理论知识用简明的语言加以说明，并添加了大量精美的图片。

参加本书编写的有丁念阳、黎勇、王安红、邹鲜、李庆、王楷、黄萍、蓝兵、吴璐、阳晓瑜、余凑巧、余快、任梅、樊凡、卢强、席国忠、席学琼、程小凤、许洪斌、刘健、王勇、黎绍美、刘冬梅、彭光华、杨淼淼、祝如林、杨晓峰、张明芳、易小妹等。在编写过程中，国内多位军事专家对全书内容进行了严格的筛选和审校，使本书更具专业性和权威性，在此一并表示感谢。

由于时间仓促，加之军事资料来源的局限性，书中难免存在疏漏之处，敬请广大读者批评指正。

编者

2018年3月

CONTENTS

目 录

第 1 章

手枪概述

手枪是能单手握持发射的小型枪械，大多数适用于近战和自卫，一般有效杀伤距离约为 50 米，使用专用的手枪弹药。现代手枪主要有半自动手枪、全自动手枪、左轮手枪三种类型。手枪主要具有体积小、方便携带、结构简单、易于大批量生产、成本低等优点。本章详细介绍了手枪的发展历史、分类和构造等知识。

◆ 手枪的发展历程

关于手枪出现的时间流传有两种说法：一种说法是手枪出现在1540年，由意大利人造出了皮斯托亚手枪；另一种说法是，1419年，胡斯信徒在反对西吉斯蒙德的战争中使用了一种哨声短枪，手枪因此而得名。

▲ 火绳点火装置的特写

中国最早出现的手枪是一种小型的铜制火铳——手铳。它的口径一般为25毫米左右，长约30厘米。使用时，先从铳口填入火药、引线，然后塞装一些细铁丸，射手单手持铳，另一手点燃引线，从铳口射铁丸和火焰杀伤敌人。中国手铳的出现可以看作是手枪的最早起源。

1331年，普鲁士的黑色骑兵使用了一种短小的点火枪，骑兵把点火枪吊在脖子上，一手握枪靠在胸前，另一手拿点火绳引燃火药进行射击。这种点火枪是欧洲最早出现的手枪雏形。

▲ 在展览厅中的火绳枪

在15世纪，欧洲的手枪由点火枪改进为火绳枪，火绳式手枪克服了点火枪射击时需一手持枪，另一手拿点火绳点火的不便，实现了真正的单手射击。

17世纪，火绳式手枪被燧发式手枪所取代，它已具备现代手枪的某些特点，如击发机构具有击锤、扳机、保险等装置，并且枪膛也由滑膛和直线开线膛发展为螺旋形线膛。

1835年，美国人柯尔特发明了装有底火撞击与线膛枪管的左轮手枪，这是第一支真正成功并得到广泛应用的左轮手枪。它作为武器在1861～1865年的美国南北战争期间得到迅速发展。1873年，柯尔特11.44毫米后装式单动左轮手枪被美国陆军正式采用。由于左轮手枪对瞎火弹处理十分简便，安全可靠，所以至今美国和其他一些国家仍有使用。

▲ 史密斯－韦森 M29 左轮手枪及子弹

1889年毛瑟手枪的问世，确立了自动手枪的结构原理。1893年，德国制造了第一支实用的博尔夏特7.63毫米自动手枪。德国人鲁格对该枪又进行了改进，成就了世界闻名的鲁格P08手枪。

从火器史来看，手枪大致经历过火门手枪—火绳手枪—转轮发火手枪—燧发手枪—击发手枪—左轮手枪—自动手枪等发展过程，但是人们常常所说的现代手枪，实际上只包括击发手枪、左轮手枪和自动手枪。而且早期的手枪几乎都是单发手枪，19 世纪线膛步枪成熟后，单手射击的手枪被认为不太适用于作战，但是手枪威力较小，所以正好成为警察维持治安的武器。

两次世界大战期间，自动手枪得到了很大的发展，出现了许多结构新颖、性能优良的自动手枪，例如美国的柯尔特 M1911 式以及 M1911A1 式 11.43 毫米手枪，比利时的勃朗宁 FN M1935“大威力”手枪等。

从 19 世纪末自动手枪出现到现在，尽管近代手枪在技术上并没有什么重大的突破，但依旧还是得到了一定的发展，包括手枪自动原理和结构的改进与发展，并且手枪的口径也经历了一个由大到小、又由小到大的发展过程。

▲ M1911 手枪内部结构图

▲ 现代手枪与使用的子弹

手枪的分类

★ 半自动手枪

半自动手枪又称自动装填手枪，它是通过火药气体带动枪机，推动套筒后退，完成抛壳和上膛两个动作。即使手指按扳机的时间长一点，也不会打出第二发子弹。一般的半自手枪指能够自动装填、单发射击，用可拆式弹匣供弹，有空枪挂机装置，弹匣可携带 6 ~ 15 发子弹，部分型号甚至可以装 20 发子弹，是现代军、警、民用的主流手枪。除了和其他手枪同样有大小的分类外，半自动手枪的击发和保险机构也不止一种形式，而且很多新式半自动手枪都兼有两种机构，还有一些采用独特的机构。一般现代半自动手枪的专用子弹是弹壳底部和主体相同粗细的无底缘子弹或半底缘子弹，主要是方便自动退壳和再装弹。

▲ 德国 P99 半自动手枪及子弹、弹匣

▲ 黑色涂装的 M9 半自动手枪

★ 全自动手枪

全自动手枪常被称为冲锋手枪、突击手枪、机关手枪，是一种类似冲锋枪用途，能够全自动发射的手枪。全自动手枪具有重量轻、尺寸小等特点，在数十米内可发挥相当大的火力，可部分执行冲锋枪的传统任务。因此，全自动手枪可以配发给空降部队、小分队指挥员、侦察兵、汽车兵、炮手、导弹手、后勤人员以及公安防暴人员。

▲ FN P90 全自动手枪（冲锋手枪）前侧方特写

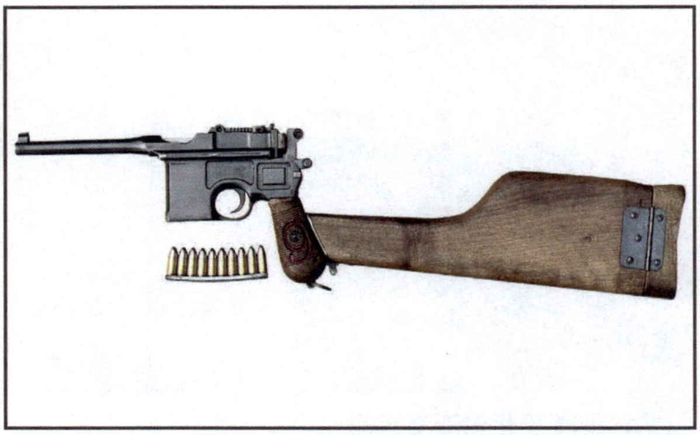

▲ 加装枪托的毛瑟 C96 全自动手枪

★ 左轮手枪

左轮手枪也称之为转轮手枪，它是一种个人使用的多发装填非自动枪械。该手枪的主要特征是枪上装有一个转鼓式弹仓，内有 5 ~ 7 个弹巢（大多为 6 个），枪弹装在巢中，转动转轮，枪弹能够逐发对准枪管。左轮手枪在 19 世纪出现，因其可靠和威力强大而风靡一时，由于左轮手枪射速较低、装弹较慢、容弹量较少，所以第二次世界大战（以下简称二战）之后，它在军队中的地位逐渐被自动手枪所取代，但是左轮手枪对瞎火弹的处理十分简便，性能可靠，因此许多国家的警察和个人依旧很喜欢使用它。

▲ 柯尔特公司生产的“蟒蛇”左轮手枪

▲ 史密斯 - 韦森 M640 左轮手枪

第2章

半自动手枪入门

半自动手枪又称自动装填手枪，是指仅能自动装填弹药的单发手枪。半自动手枪作为自卫首选武器之一，其子弹不仅能与全自动手枪共用，而且在射击时也较为舒适，半自动手枪具有射速较高、后坐力较小等优点，是常见的警用装备。本章主要介绍一战以来世界各国制造的经典半自动手枪，每种手枪都简明扼要地介绍了其制造背景和作战性能，并有准确的参数表格。

美国M9手枪

小档案

口 径：	9毫米
全 长：	217毫米
有效射程：	50米
枪口初速：	381米/秒
弹 容 量：	15发

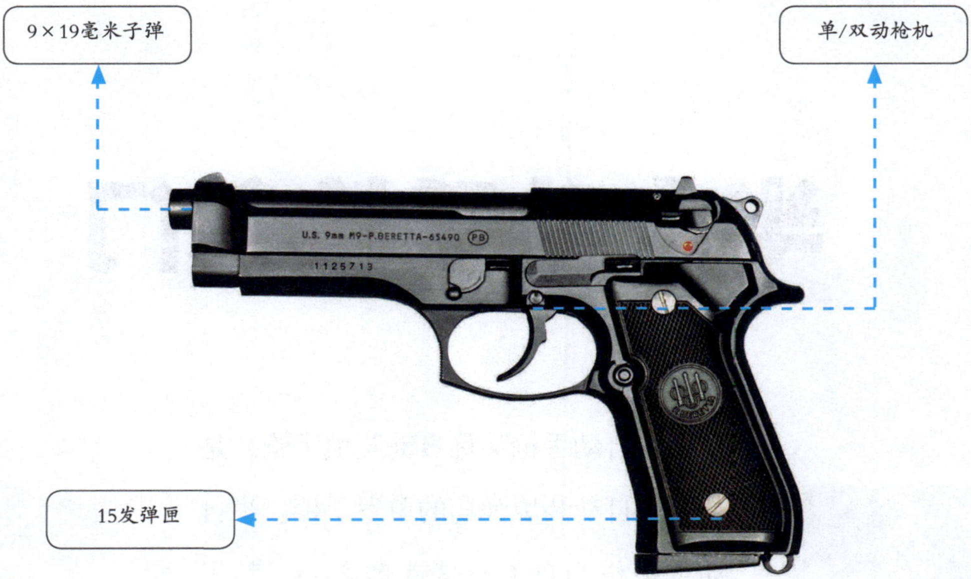

M9 半自动手枪是美军在 1990 年起装备的制式手枪。M9 手枪沿用了 92F 手枪的设计，具有维修性好、故障率低等特点。据试验：M9 手枪在尘土、风沙、泥浆及水中等恶劣战斗条件下适应性极强，一旦在战斗中发生损坏，较大故障的平均修理时间不超过半小时，小故障不超过 10 分钟。目前美国海岸防卫队以 SIG P229 手枪作为主要的防护用途武器，但少量的 M9 手枪仍装备后备部队，而空军警卫队仍以 M9 手枪作为主要防护武器。

▲ M9 手枪上方视角

▲ 枪盒中的 M9 手枪

美国M15手枪

小档案

口　径：	11.43毫米
全　长：	200毫米
有效射程：	50米
枪口初速：	245米/秒
弹容量：	7发

M15 手枪是美国在 1972 年开始为高级军官配备的半自动手枪，用来替代二战结束后停止生产从而导致库存量不足的柯尔特袖珍手枪。M15 手枪和 M1911 手枪相似，发射弹药及弹匣容量也相同，只是在体积上有所下降。

美国M45A1手枪

小档案

口　径：	11.43毫米
全　长：	215.9毫米
有效射程：	50米
枪口初速：	310米/秒
弹容量：	8发

M45A1 半自动手枪是 M1911 手枪的改进型，装备于美国海军特种作战司令部及执行近距离作战任务的侦察小组和特别反应小组。该手枪标配的弹匣为 8 发，采用单一的全尺寸型复进簧导杆以及串联式复进簧组件。此外，该枪的底把和套筒都由锻压钢制造。

美国M4504手枪

小档案

口　径　：	11.43毫米
全　长　：	215.9毫米
有效射程：	50米
枪口初速：	342米/秒
弹容量：	8发

20世纪80年代中期，美国史密斯－韦森公司将手枪市场转向美国执法机构，开发出供美国警察和特工人员使用的一系列自动手枪，M4504手枪便是其中一种。该枪属于史密斯－韦森公司的第三代自动手枪。

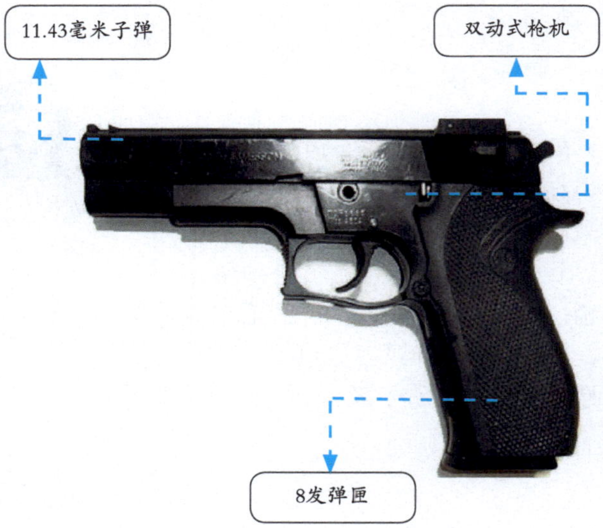

美国M51手枪

小档案

口　径　：	9毫米
全　长　：	210毫米
有效射程：	10米
枪口初速：	270米/秒
弹容量：	7发

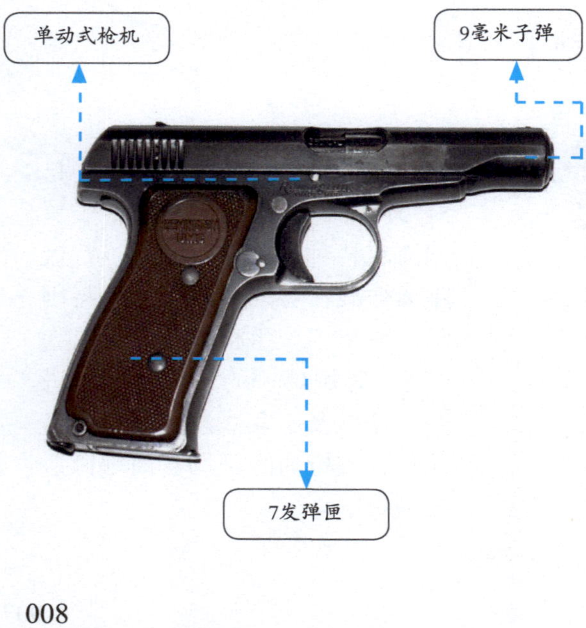

M51是由枪械设计师约翰·道格拉斯·佩德森所设计，并由雷明顿武器公司生产及投放于美国民用市场的小型袖珍式半自动手枪。该枪的布局与瓦尔特PPK手枪使用固定的枪管和枪管周围的后座弹簧相似。因为后膛闭锁的关系，该手枪能够承受比一般反冲作用枪械更大的膛压，但尺寸和重量亦不输给其他的锁定系统。

美国MEU(SOC)手枪

小 档 案

口　径：	11.43毫米
全　长：	209.55毫米
有效射程：	70米
枪口初速：	244米/秒
弹容量：	7发

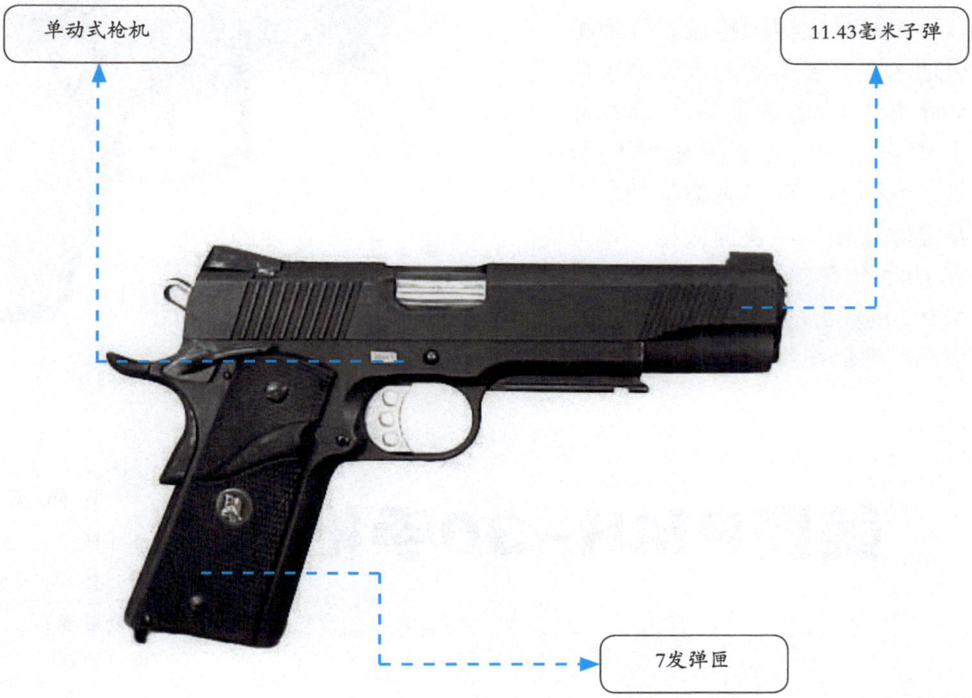

MEU（SOC）手枪是在柯尔特M1911手枪的基础上研制的。该手枪是一把气冷式、弹匣供弹、枪管短行程后坐作用操作、单动操作的半自动手枪，由于它的组件都是由手工装配的，因此不能互换。目前，美国的侦察部队和海军陆战队特种作战司令部都在使用该枪，且需求量很大。该手枪武器的序列号的最后四个数字分别印在枪管的顶部和套筒部件的右侧。早期的套筒在前端没有防滑纹，为了便于射手轻推套筒来确认膛内是否有弹，所以新的套筒在前面增加了防滑纹。

▲装上战术用具的MEU（SOC）手枪

美国ASP手枪

小档案

口　径：	9毫米
全　长：	173毫米
有效射程：	70米
枪口初速：	210米/秒
弹容量：	7发

ASP是由美国枪械设计师帕里斯·西奥多研制的改装型半自动手枪，以史密斯－韦森M39手枪作基础。ASP手枪结构紧凑，它能够方便地被隐蔽携带以及能够让使用者快速拔枪。该枪在1983年停产，但在2000年以ASP 2000的名义重新恢复生产，直至现在仍在生产。

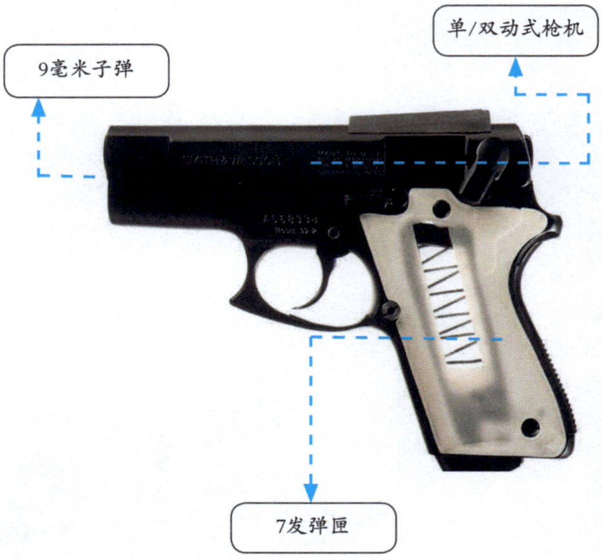

美国PMR-30手枪

小档案

口　径：	5.59毫米
全　长：	201毫米
有效射程：	50米
枪口初速：	375米/秒
弹容量：	30发

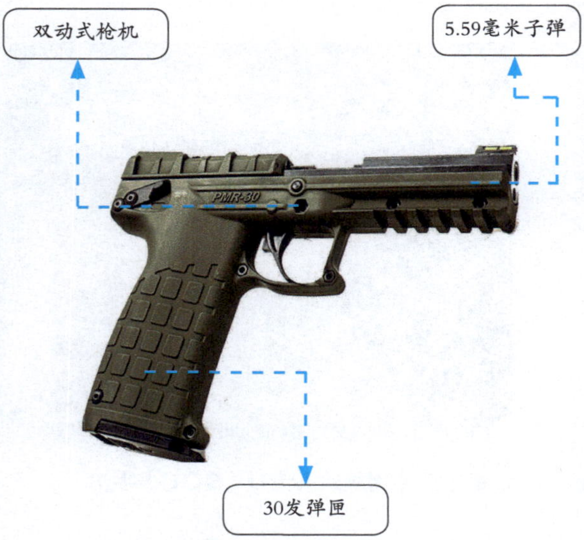

PMR−30半自动手枪是由美国佛罗里达州枪械公司Kel−Tec数控工业公司研制及生产的全尺寸型半自动手枪。该枪采用了直接后坐作用的机枪，再加上膛室内部的凹槽，大大减少了抽壳时弹壳和枪膛之间的摩擦力。除此之外，为了节省成本和减轻重量，还使用钢制套筒和枪管。

小档案	
口　径：	9毫米
全　长：	260.35毫米
有效射程：	1000米
枪口初速：	426米/秒
弹容量：	7发

美国“灰熊”手枪

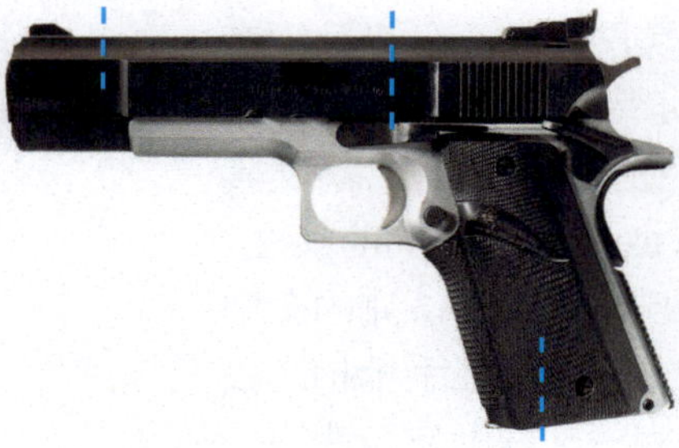

“灰熊”半自动手枪原本是由美国人派瑞·阿奈特在 20 世纪 80 年代初期构思、设计并申请专利，他把该枪的生产和销售权卖给了 L.A.R. 公司。该手枪基本上是 M1911 式手枪的放大口径型，同时还有少许部件能够通用，只是“灰熊”手枪的威力比其他口径的 M1911 略大，其他方面基本相同。它与 1999 年停止生产，但直到现在生产商还生产着相关的备用零件。

美国儒格P85手枪

小档案	
口　径：	9毫米
全　长：	198毫米
有效射程：	50米
枪口初速：	287米/秒
弹容量：	15发

P85 半自动手枪由美国儒格公司于 1987 年研制，枪全长 198 毫米，使用 15 发弹匣供弹，有效射程为 50 米。该枪结构简单，全枪只有 56 个零件，而且没有复杂的零件，分解、结合相当方便。此外，P85 手枪还采用可调风偏的缺口照门和片状准星，为了便于夜间射击，还涂有白发光点。

美国儒格LCP手枪

小 档 案

口　径：	9毫米
全　长：	131毫米
有效射程：	50米
枪口初速：	276米/秒
弹 容 量：	6发

LCP 手枪（LCP 为 Lightweight Compact Pistol 的缩写，意为轻巧紧凑型手枪）是美国儒格公司设计生产的一款半自动手枪，属袖珍类防卫武器。这种手枪一经问世，就以其与众不同的特性引起了人们的关注。作为一支空枪质量只有 267 克的微型手枪，其后坐力与同口径手枪相比较小。另外，作为一支微型自卫武器，LCP 的射击精度也是令人满意的。

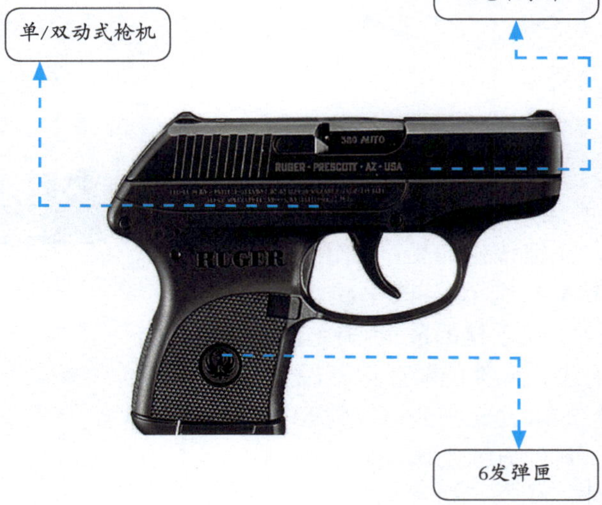

美国柯尔特M1900手枪

小 档 案

口　径：	9毫米
全　长：	230毫米
有效射程：	23米
枪口初速：	384米/秒
弹 容 量：	7发

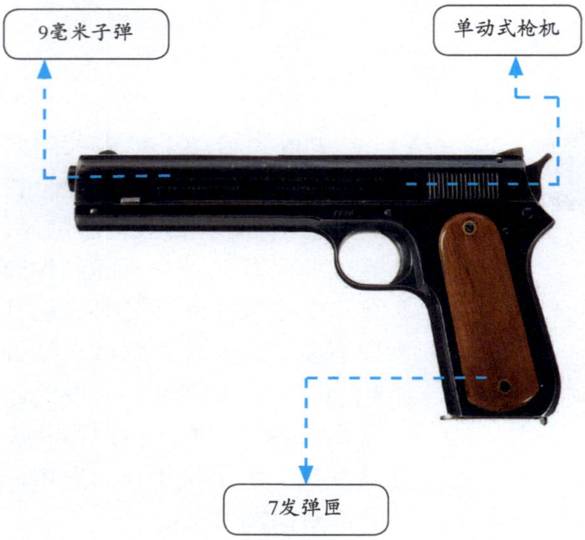

柯尔特 M1900 是由约翰·勃朗宁研制的一种半自动手枪，也是最早采用了套筒式设计的手枪之一。该枪采用击针式击发原理，阻铁直接卡住击针体上的待发卡槽，扣下扳机阻铁释放击针，击针可直接在弹簧作用下击发枪弹，没有击锤机构，这种结构比较简单，而且没有外露的击锤，出枪时不容易钩挂衣物，适合用在小型自卫手枪上。

美国柯尔特M1911手枪

小档案

口　径：	11.43毫米
全　长：	210毫米
有效射程：	50米
枪口初速：	251.46米/秒
弹容量：	7发

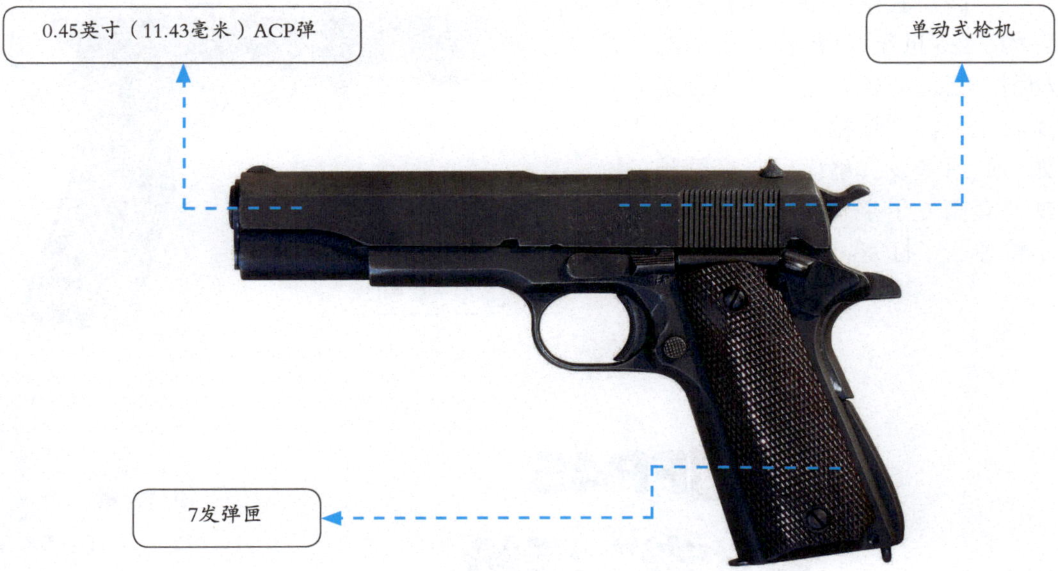

M1911 半自动手枪是世界上装备时间最长、数量最多的手枪之一，由美国著名的枪械设计师约翰·勃朗宁设计，但最后却由勃朗宁公司的竞争对手柯尔特公司买下其专利权加以出售。1911 年 3 月 29 日，该枪正式成为美国陆军的制式手枪。1913 年，由于 M1911 手枪的性能十分出色，也被美国海军和美国海军陆战队选为制式手枪。截至 2018 年 2 月，M1911 手枪仍在生产，总产量超过 270 万支。

▲ **M1911 手枪分解图**

▲ **M1911 手枪及弹匣**

美国柯尔特“鹰”式手枪

小档案

口　径：	9毫米
全　长：	216毫米
有效射程：	50米
枪口初速：	410米/秒
弹容量：	8发

“鹰”式手枪是美国柯尔特公司在20世纪90年代推出的双动型半自动手枪，用于杀伤近距离有生目标。该枪有很多优点，如当最后一发弹射出后，套筒挡铁使套筒处于空仓挂机状态，表示枪弹已经打完。

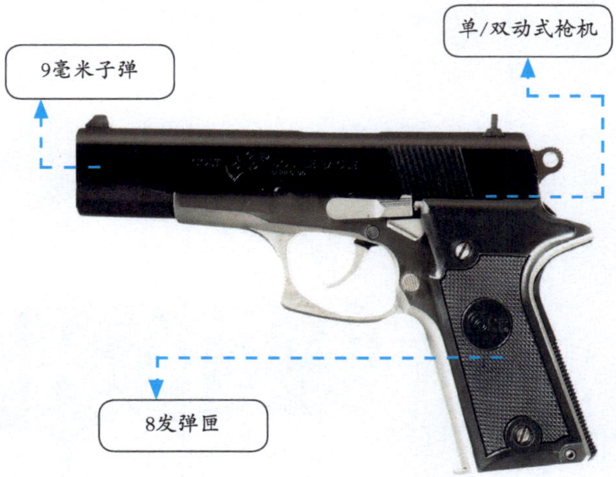

美国FP45“解放者”手枪

小档案

口　径：	11.43毫米
全　长：	141毫米
有效射程：	7.3米
枪口初速：	250米/秒
弹容量：	单发

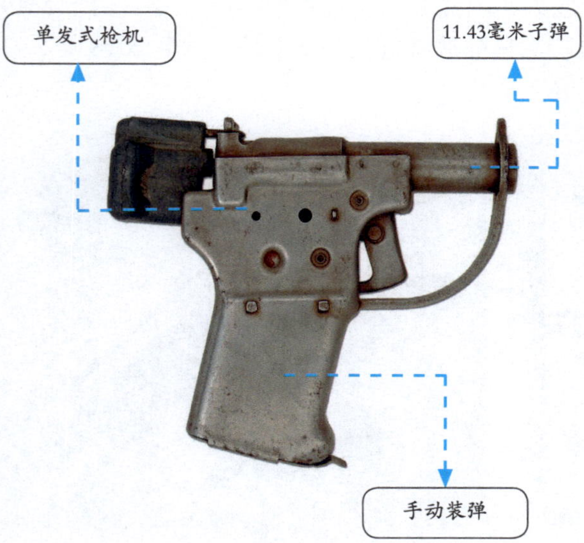

FP45“解放者”（Liberator）手枪是美军在二战中专供抵抗组织使用的简易枪支，主要被游击队用来偷袭敌军。该手枪每次只能打一发，因此使用者往往是拿着一把装好子弹的手枪，潜伏在路边，当落单的敌人经过时，以迅雷不及掩耳之势跳出来，在极近的距离射击要害部位。如果一枪不能击毙敌人，就没有机会再开第二枪了，但由于这种枪是超近距离射击，所以命中率非常高。

美国马格南 V 型手枪

小档案	
口径：	12.7毫米
全长：	273毫米
有效射程：	50米
枪口初速：	426米/秒
弹容量：	7发

马格南 V 型手枪是由哈利·桑福德（Harry Sanford）设计，阿卡迪亚机器及工具公司（Arcadia Machine and Tool，AMT）等公司生产的一款半自动手枪，发射 12.7×33 毫米手枪子弹，威力巨大。对于一般人来说，马格南 V 型手枪发射弹药时，产生的巨大后坐力和枪口补偿装置所导致的刺耳噪音难以容忍。

德国伯格曼 M1896 手枪

M1896 手枪是由西奥多·伯格曼设计的一款半自动手枪，在设计时是非常先进的武器。该枪的自动方式为自由枪机式。这种自由枪机式是伯格曼独创的，在枪械发展史上占有一席之地。该自动方式只适用于小型武器，对于大型武器来说并不合适，这是由于装药量大很容易出现弹壳炸裂和后坐力太大等问题。

小档案	
口径：	8毫米
全长：	254毫米
有效射程：	50米
枪口初速：	380米/秒
弹容量：	5发

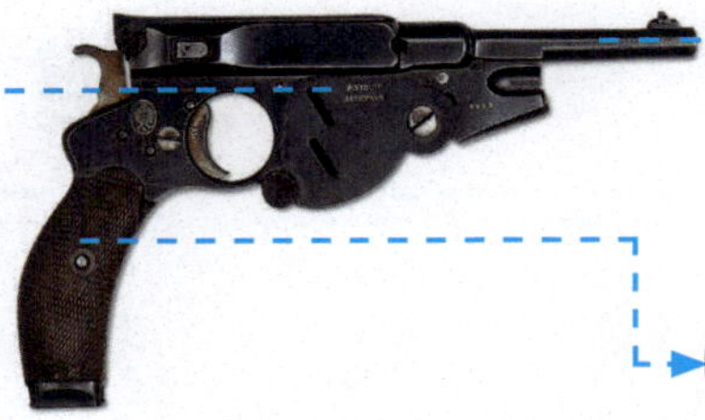

美国 Bren Ten手枪

小档案	
口径：	9毫米
全长：	222毫米
有效射程：	40米
枪口初速：	410米/秒
弹容量：	15发

Bren Ten 半自动手枪是在捷克斯洛伐克 CZ-75 手枪的基础上改进而来的。该手枪的弹匣是在意大利生产的，且采用不锈钢结构。由于 Bren Ten 手枪是纯手工生产和装配，所以产量非常低，当时的产量不足 1500 支。1986 年，该手枪公司被迫申请破产。

美国史密斯–韦森 M39手枪

小档案

口　径：	9毫米
全　长：	192毫米
有效射程：	50米
枪口初速：	600米/秒
弹容量：	8发

M39 手枪是由美国史密斯 – 韦森公司设计的第一代半自动手枪，虽然没有正式被美军采用，但曾被美国“海豹”突击队使用过，所以它被普遍认为是一种相当具有突破性的手枪。伊利诺伊州警察于 1967 年采用 M39 手枪，这一举动令许多执法部门也相继地采用半自动手枪。

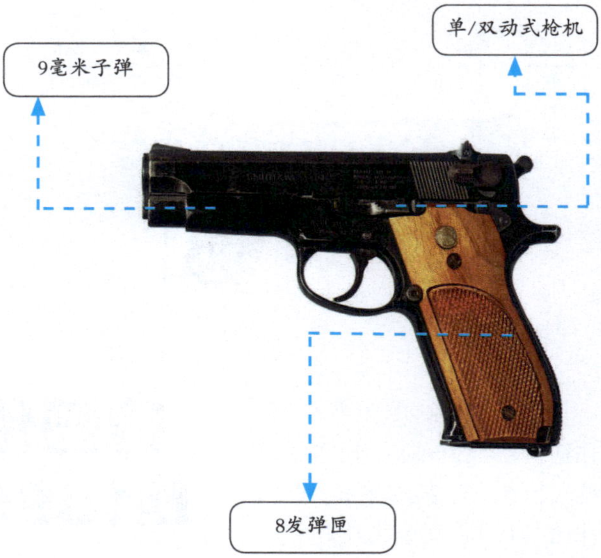

美国史密斯–韦森 1076手枪

小档案

口　径：	9毫米
全　长：	197毫米
有效射程：	50米
枪口初速：	600米/秒
弹容量：	15发（最大）

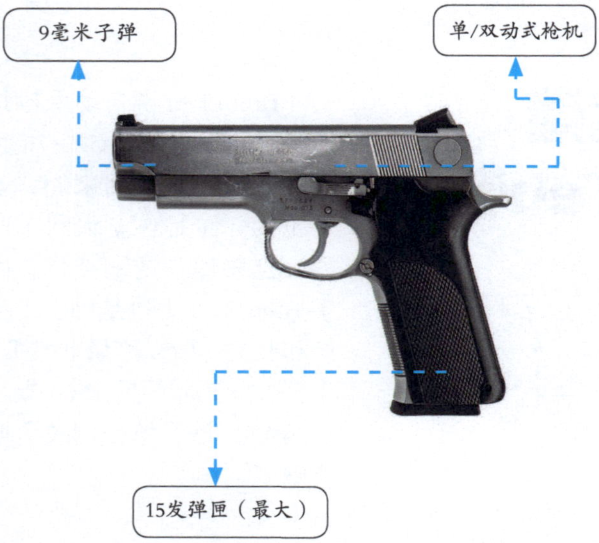

史密斯 – 韦森 1076 手枪是第三代史密斯 – 韦森半自动手枪，于 1990 年推出。该枪采用的是史密斯 – 韦森公司传统的枪管短后坐式工作原理，枪体由不锈钢制成，握把较直。此外，M1076 手枪的弹夹有 9 发、11 发、15 发三种型号，它所使用的瞄准装置是由缺口照门和柱状准星组成。

美国史密斯–韦森西格玛手枪

小档案

口　径：	10毫米
全　长：	188毫米
有效射程：	50米
枪口初速：	340米/秒
弹 容 量：	15发

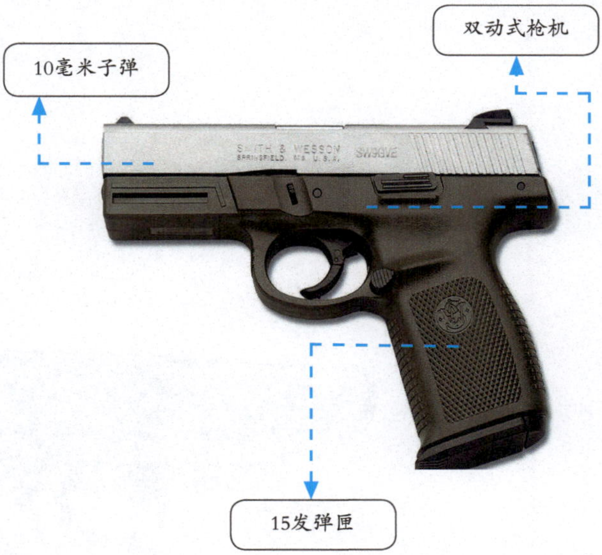

西格玛手枪是美国史密斯–韦森公司于 1993 年开始研制，并于 1994 年 3 月正式亮相的半自动手枪。西格玛手枪是一种使用不锈钢枪管、工程塑料套筒座、撞击杆击发、大容量弹匣的半自动战斗型手枪，具有口径较大、带弹量大、威力大的三大特点。

美国卡利科M950式手枪

小档案

口　径：	9毫米
全　长：	356毫米
有效射程：	50米
枪口初速：	393米/秒
弹 容 量：	50/100发

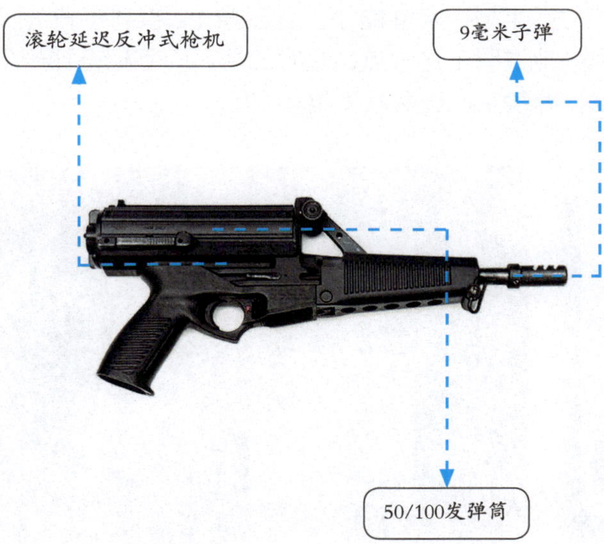

卡利科 M950 手枪是美国卡利科枪械公司研制的一款半自动手枪，其最大的特点就是高容量、圆柱形、螺旋供弹的弹筒以及可伸缩的枪托和塑料枪身。螺旋供弹的弹筒可以令其在一个比较狭窄的空间内的弹数都可以控制在 50 发、100 发内。

德国瓦尔特PP/PPK手枪

小 档 案（PP手枪）

口　径：	9毫米
全　长：	170毫米
有效射程：	30米
枪口初速：	256米/秒
弹 容 量：	8发

第一次世界大战（以下简称一战）后，瓦尔特公司先后推出了 PP 手枪、PPK 手枪以及 P38 手枪，其中瓦尔特 PPK 是瓦尔特 PP 的衍生型，尺寸略小。瓦尔特 PP 系列手枪的设计非常成功，其常青树般的生命力就已经充分地说明了这一点，它对二战后的手枪设计产生了极大的影响，直到今天，瓦尔特公司仍然在继续生产这两款手枪。

▲ 瓦尔特 PP 手枪

▲ 瓦尔特 PPK 手枪及弹药

德国瓦尔特P5手枪

小档案	
口　径：	9毫米
全　长：	180毫米
有效射程：	50米
枪口初速：	350米/秒
弹容量：	8发

P5 半自动手枪是瓦尔特公司 1979 年为德国军队、警察研制的安全型手枪。该枪最大的优点是外形尺寸和形状偏小，适合手小的人使用，而且也便于随身携带。此外，P5 手枪套筒座用合金制成，击锤外形改成圆形，为了防止使用时挂扯衣服。

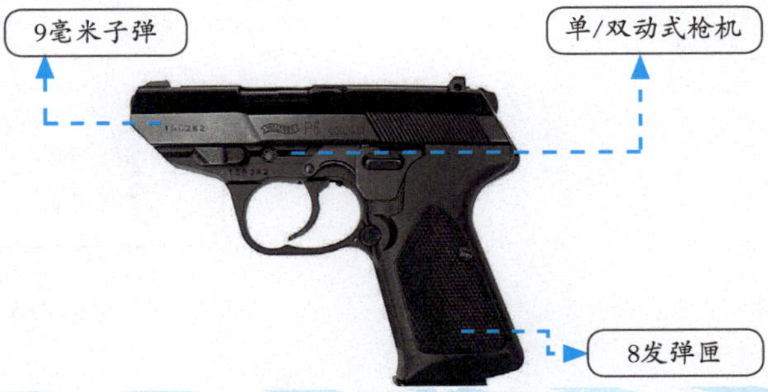

德国瓦尔特P38手枪

小档案	
口　径：	9毫米
全　长：	216毫米
有效射程：	50米
枪口初速：	365米/秒
弹容量：	8发

P38 是德国瓦尔特公司为德国军队研制的一种半自动手枪，是史上首次采用闭锁式枪膛的手枪。虽然 P38 手枪是二战中使用最广泛的手枪之一，但二战后，随着德国的战败，P38 手枪的辉煌时代也宣告结束。

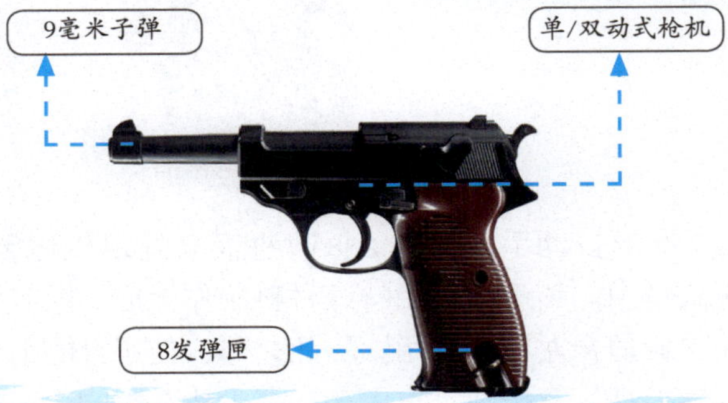

德国瓦尔特P88手枪

小档案	
口　径：	9毫米
全　长：	187毫米
有效射程：	60米
枪口初速：	300米/秒
弹容量：	15发

P88 是 1988 年由德国瓦尔特公司的研制的一款半自动手枪。该手枪的主要特点是两侧均有解脱杆、挂机柄和弹匣卡笋。1996 年，瓦尔特公司开始生产造价更低、更小的 P88 手枪的紧凑型。P88 手枪也因其高精度和高品质，在收藏家和射击运动员中间享有极高的名誉。

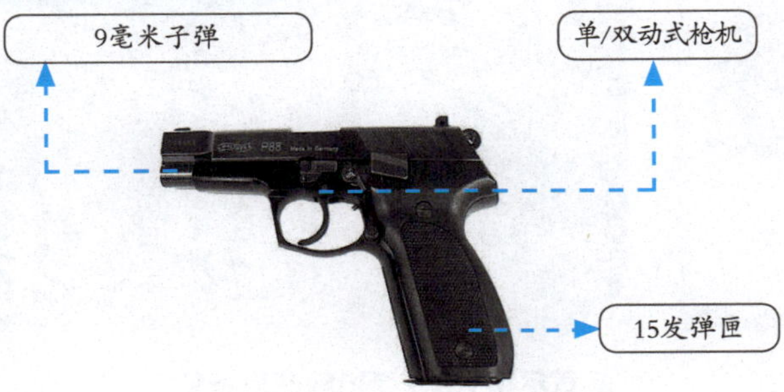

德国瓦尔特P99手枪

小档案

口　径：	9毫米
全　长：	180毫米
有效射程：	50米
枪口初速：	300～350米/秒
弹容量：	16发

P99半自动手枪是由P88改进而来的现代化警用及民用手枪，1994年开始设计，1997年正式推出。该手枪使用特殊材料制作而成，所有控制部件（套筒卡笋、弹匣扣和待击解脱按钮）都适合左右手使用。除此之外，使用过的射手认为P99手枪极为可靠，特别是9毫米型精度很高，双排弹匣也大大提高了战斗中的火力持续性，而且握把很舒适，握把背板采用有弹性的聚氨酯制成，滑套为经过氮化的钢材制作。

▲ 瓦尔特 P99 手枪不完全分解图

▲ 瓦尔特 P99 手枪前侧方特写

德国瓦尔特PPQ手枪

小 档 案

口　径：	9毫米
全　长：	180毫米
有效射程：	50米
枪口初速：	408米/秒
弹容量：	17发

PPQ 是由瓦尔特公司研制的一款半自动手枪，分解十分简单，而且精准度很高，握把舒适，指向性好，手掌尺寸偏小的亚洲人也能舒适地使用。除此之外，PPQ 手枪是老牌枪械公司瓦尔特新时代的作品，在继承过去优秀手枪特性的同时，还使用了新型技术。“新旧结合”不仅让该枪作战性能优秀，也使得可靠性优良，实属一把“攻守”兼备的武器。

▲ 不完全分解的瓦尔特 PPQ 手枪

▲ 瓦尔特 PPQ 手枪及配件

小 档 案

口 径 ：	9毫米
全 长 ：	222毫米
有效射程：	50米
枪口初速：	350～400米/秒
弹 容 量 ：	8发

德国鲁格P08手枪

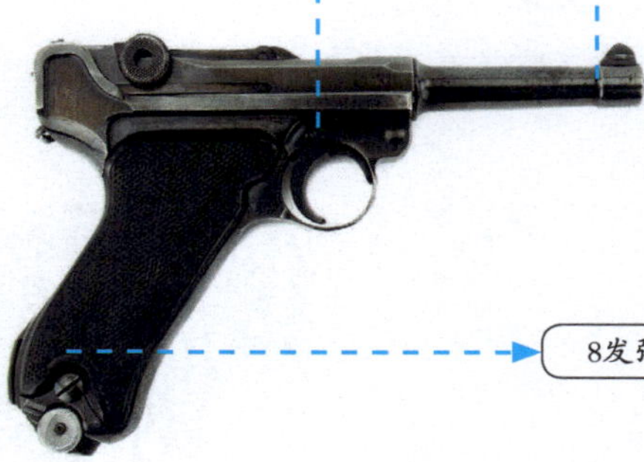

P08 半自动手枪由乔治·鲁格在 1899 年根据博尔夏特手枪改进而来，它是世界上第一把制式军用半自动手枪。该枪采用肘节式原理，类似人类的手肘，弯曲时，容易收缩，一旦伸直，便可抵抗很强的力量。P08 手枪的知名度颇高，所以至今依旧是世界上著名的手枪之一。

德国HK HK4手枪

小 档 案

口 径 ：	9毫米
全 长 ：	157毫米
有效射程：	25米
枪口初速：	356米/秒
弹 容 量 ：	8发

HK4 手枪是由德国黑克勒－科赫公司（HK 公司）设计生产的一款半自动手枪，法国国营圣·艾蒂武器制造厂（MAS）也曾经生产过这种手枪。该枪属袖珍型，名称中的“4”表示该手枪可以使用 4 种不同口径的弹药，分别为 5.59 毫米、6.35 毫米、7.65 毫米和 9 毫米。

德国 HK Mk 23 Mod 0手枪

小档案

口　径：	11.43毫米
全　长：	421毫米
有效射程：	20～50米
枪口初速：	260米/秒
弹容量：	12发

Mk 23 Mod 0 半自动手枪是 HK 公司根据美国特种作战司令部的要求而研制的进攻型手枪，正式名称为“Mark 23 Mod 0”。军用版本定型后，HK 公司推出了 Mk 23 的民用及执法机关使用型版本，命名为“Mark 23”。虽然 Mk 23 Mod 0 手枪具有精度极高等优点，但是它在尺寸和重量两方面都实在过大和过重，因此降低了其在防守情况下的通用性、舒适性以及拔枪速度。

▲ **Mk 23 Mod 0 手枪及配件**

▲ **加装消声器的 Mk 23 Mod 0 手枪**

德国 HK USP 手枪

小档案

口　径：	9毫米
全　长：	194毫米
有效射程：	50米
枪口初速：	285毫米/秒
弹容量：	15发

USP 半自动手枪是为满足民用市场、执法部门和军方的需要而设计的。该枪在传统结构的基础上融进了多项革新，采用经改进的勃朗宁手枪的机构作为基本结构，是一支实用的手枪。该枪的结构合理，动作可靠，经过双重复进簧装置抵消后坐力，其快速射击时的精度也大大提高，而且还可加装多种战术组件，大大增强了在特殊环境下的作战性能。值得一提的是，USP 手枪常被世界各国的警察作为配枪或是军队使用，世界上有两个军队还装备了改装过的 USP 手枪，分别为希腊及马来西亚的军队。

▲ HK USP 手枪及弹药

▲ 加装消声器的 HK USP 手枪

德国 HK P7手枪

小 档 案	
口　径：	9毫米
全　长：	171毫米
有效射程：	50米
枪口初速：	351米/秒
弹 容 量：	13发

P7 系列是 HK 公司根据警方需求设计的一款无击锤手枪，现已成为德国警察和军队的制式武器，并为美国等军警部队使用。P7 系列手枪采用的是击针平移式双动扳机机构，该系列手枪有 P7M8、P7M13、P7K3 等多种型号，当然各自都有不同之处，P7K3 手枪采用自由枪机式工作原理，无气体延迟后坐机构，发射 9 毫米柯尔特自动手枪弹。

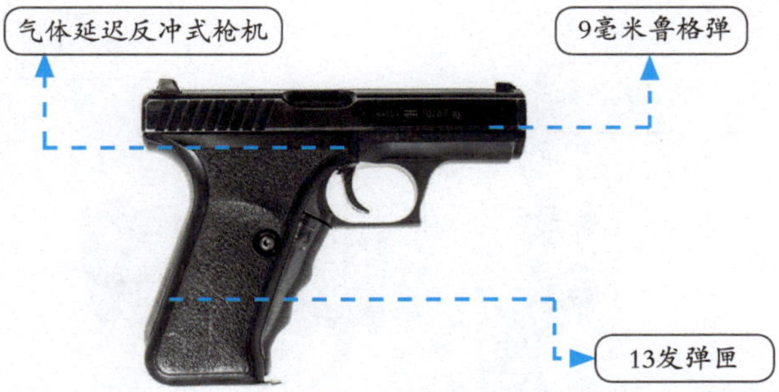

德国 HK P9手枪

小 档 案	
口　径：	9毫米
全　长：	192毫米
有效射程：	50米
枪口初速：	350米/秒
弹 容 量：	9发

P9 手枪是 HK 公司于 1965 年设计的新型自动装填手枪，现已成为德国警察和军队的制式武器，并为美国等军警部队使用。该手枪采用的是半自由枪机原理，套筒和枪管都是通过枪机连接，枪机前部有两个滚柱。此外，P9 式的下枪身从前端到扳机护弓、握把前端的位置均是采用高分子聚合物，是历史上第一支在握把片以外的枪身结构上采用塑胶材料的手枪。

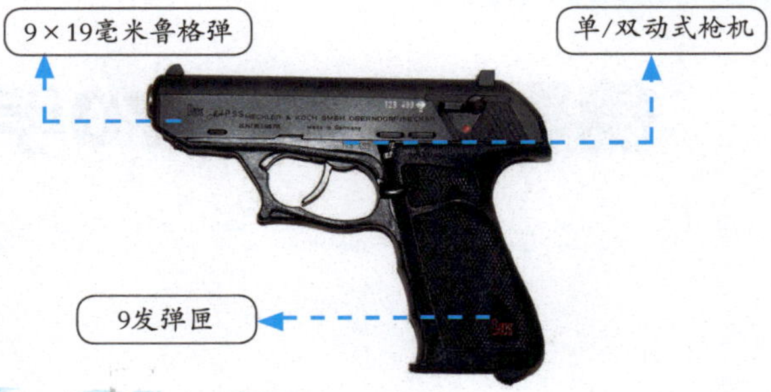

德国 HK P9S手枪

小 档 案	
口　径：	9毫米
全　长：	192毫米
有效射程：	50米
枪口初速：	350米/秒
弹 容 量：	9发

P9S 手枪是由 HK 公司设计生产的一款半自动手枪，目前除德国本土的军警使用外，它还在数十个国家中服役，其中包括阿根廷、日本和西班牙。1969 ～ 1978 年间，P9S 手枪只是生产了 485 把，在某种意义上不是很成功。虽然 HK 公司在 1978 年决定停止生产这种手枪，但仍然可以在特许生产的希腊版本之中看见其身影，并且被称为 EP9S。

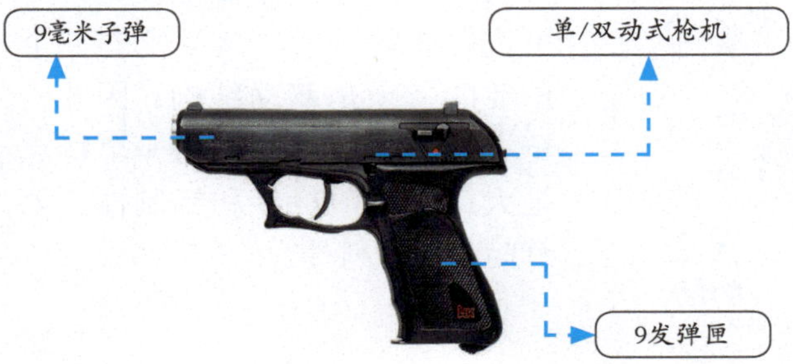

德国 HK P30手枪

小档案	
口　径：	9毫米
全　长：	181毫米
有效射程：	50米
枪口初速：	360米/秒
弹容量：	15发

P30 是 2006 年由 HK 公司设计和生产的半自动手枪，是 HK P2000 的改进型。P30 手枪使用了独特的改进设计，更加符合人体工程学的特点，为了减少操作时所造成的压力，并同时增加使用者在操作和射击时的舒适度。目前，P30 手枪有 6 种变型枪，其主要区别是发射机构不同。该枪是制式手枪中最出色的手枪之一，不仅受到警察和军队喜欢，猎手也因其不同的特性而爱不释手。

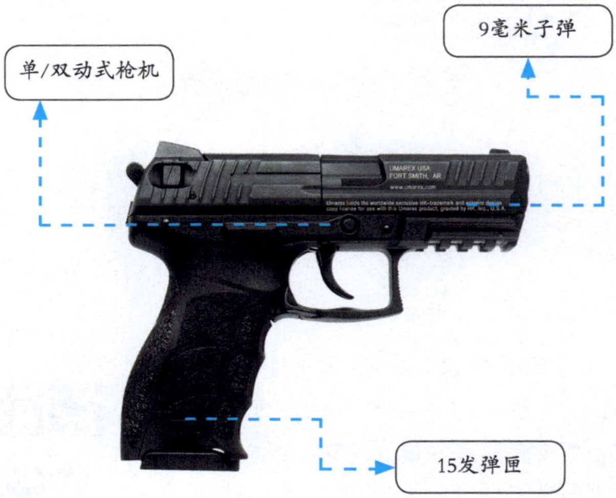

德国 HK VP70手枪

小档案	
口　径：	9毫米
全　长：	204毫米
有效射程：	50米
枪口初速：	360米/秒
弹容量：	18发

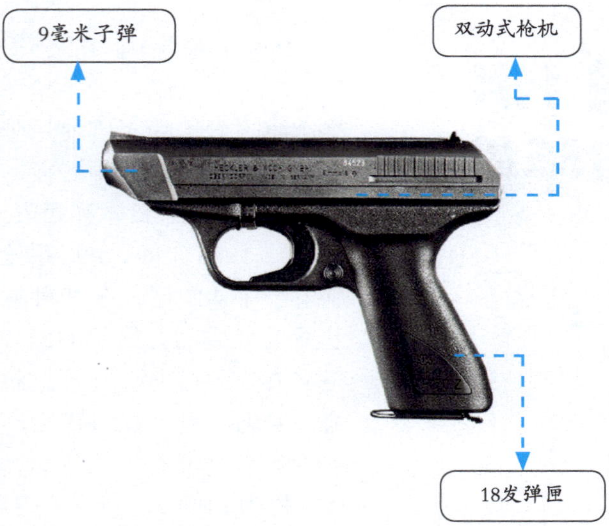

VP70 手枪是 HK 公司设计生产的一款新颖的、结构特殊的半自动手枪，当单手射击时，可作为手枪使用；当将枪套作为枪托使用时，可作为冲锋枪使用，并可进行 3 发点射。该手枪的一个重要的特点是双动结构，因此，枪上没有保险装置，另一个特点是大量采用塑料件和铝制件，如套筒座为塑料件。

德国 HK HK45 手枪

小 档 案

口 径：	11.43毫米
全 长：	191毫米
有效射程：	40～80米
枪口初速：	260米/秒
弹 容 量：	10发

HK45 手枪是 HK 公司于 2006 年设计、2007 年生产的半自动手枪，并借用了一些 P30 手枪的改进要素。为了适应更小、更符合人体工学的手枪握把，该手枪使用的是容量 10 发的专用可拆式双排弹匣。该手枪大量使用了新型材料和新技术加工工艺，加上良好的人机工效设计，使得该枪的操作十分方便快捷，并且具有优良的功能扩展性。使用该手枪的用户极多，其中主要有美国海军特种作战司令部、美国海军特种作战研究大队、“海豹”部队等。

▲ HK 45 手枪及配件

▲ HK 45 手枪及枪盒、弹药

德国 HK P2000手枪

小 档 案

口　　径：	9毫米
全　　长：	173毫米
有效射程：	50米
枪口初速：	355米/秒
弹 容 量：	18发

P2000是2001年年底由HK公司设计和生产的一款半自动手枪，主要用于执法机关、准军事和民用市场。该手枪是以USP手枪的各种技术作为基础而研制的，枪管是由钢材经过冷锻和镀铬工艺制造而来，具有多边形的轮廓。套筒材料是由硝酸渗碳所制成的钢材，十分坚硬。此外，该手枪也大量地采用耐高温、耐磨损的聚合物及钢材混合材料，主要为了减轻全枪重量和节约生产成本。

▲ HK P2000 手枪及其配件

▲ HK P2000 手枪及其子弹

德国毛瑟 HSC 手枪

小 档 案

口　径：	7.65毫米
全　长：	165毫米
有效射程：	40米
枪口初速：	290米/秒
弹 容 量：	8发

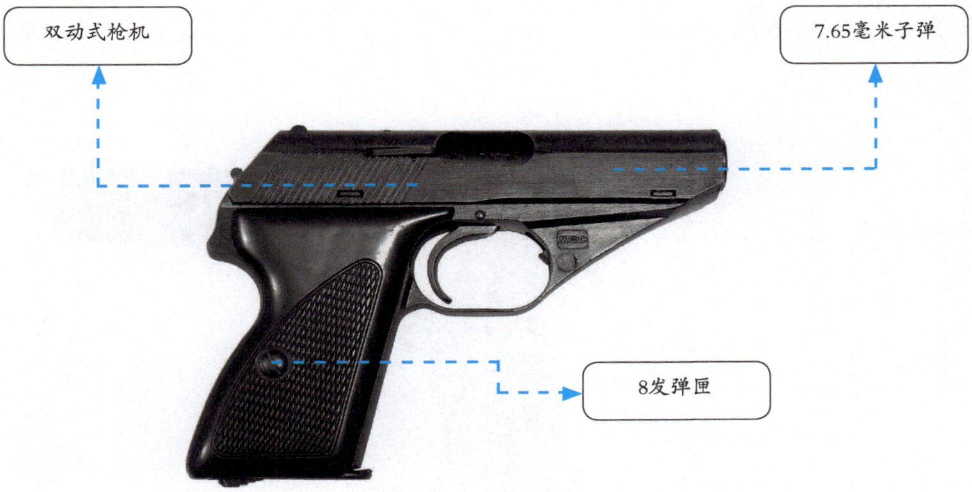

HSC手枪是由德国毛瑟公司设计生产的一款半自动手枪，属袖珍型手枪，该手枪很多活动件都具备两个或两个以上功能。在外形上，HSC手枪的流线型使其具有强大的视觉冲击感，使用7.65毫米口径弹药，威力较大，因此便受到很高的评价。不过该手枪在市场竞争中败于瓦尔特双动系列手枪，于是毛瑟公司开始改进HSC手枪，改进后的HSC手枪于1940年开始生产。但尽管如此，二战期间，德国军队和警方都曾大量装备过这种手枪，即使精加工受当时条件的限制，但它依旧不失为一种设计合理、操作良好的手枪。

▲ HSC 手枪及弹匣

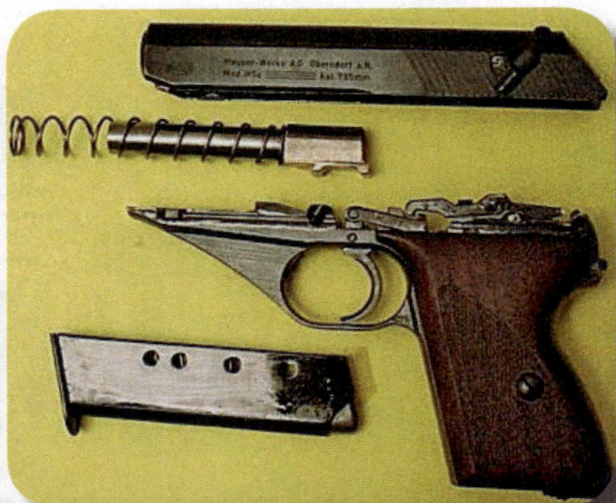

▲ HSC 手枪分解图

比利时 FN M1900手枪

小档案

口　径：	7.65毫米
全　长：	172毫米
有效射程：	30米
枪口初速：	290米/秒
弹容量：	8发

M1900手枪是比利时国营赫斯塔尔公司（FN公司）设计生产的一款半自动手枪，也是历史上首款有套筒设计的手枪。该手枪由枪管、套筒、握把和弹匣组成，在结构布局上采用了复进簧上置而枪管下置，这种布局的最大优点是，使枪管轴线降低到与射手的持枪手虎口同高，射击时，后坐力几乎均匀地作用在持枪手虎口上。从外形上看，该手枪最大的特点是外形扁薄平整，坚实紧凑，简洁明快，大小适中。

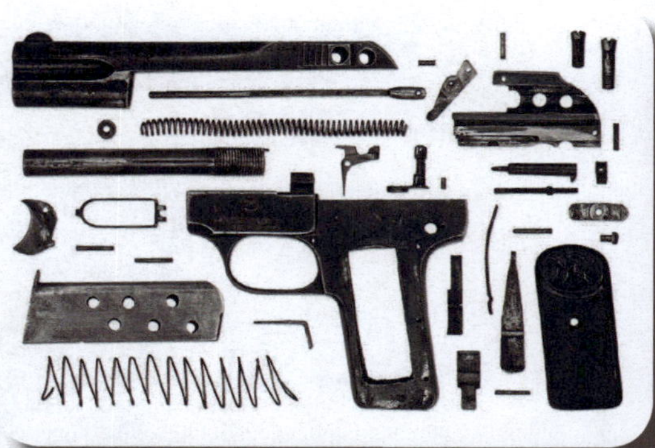

▲ FN M1900 手枪分解图

▲ FN M1900 手枪上方视角

比利时 FN M1903手枪

小 档 案	
口　径：	7.65/9毫米
全　长：	205毫米
有效射程：	30米
枪口初速：	318米/秒
弹 容 量：	7发

1903 年，勃朗宁推出 M1903 半自动手枪，由比利时 FN 公司及美国的柯尔特公司正式生产。它是以 M1900 手枪改良而来，由于 M1903 手枪的高可靠性、高准确度、重量轻以及装填迅速等特点，在推出后就成了当时世界上应用最广泛的半自动手枪。

比利时 FN M1906手枪

小 档 案	
口　径：	6.35毫米
全　长：	114毫米
有效射程：	30米
枪口初速：	500米/秒
弹 容 量：	6发

1904 年，勃朗宁以 M1903 手枪为基础，开发出了第一支袖珍型自动手枪——M1906，该枪于 1906 年正式投产。其成功设计使之成为后来大多数袖珍手枪的“典范”和“模板”。M1906 手枪设计简单可靠，只有 33 个零件，能够迅速不完全分解为套筒、枪管、复进簧以及导杆、击针和击针簧组件、套筒座、弹匣、连接销 7 个部分。此外，M1906 手枪在 M1903 手枪上进行了改良，在枪管下方设计了 3 个肋状闭锁凸笋，从而有效地与套筒座相扣合，使得分解非常容易。

比利时 FN M1910手枪

小 档 案	
口　径：	9毫米
全　长：	152毫米
有效射程：	50米
枪口初速：	295米/秒
弹 容 量：	7发

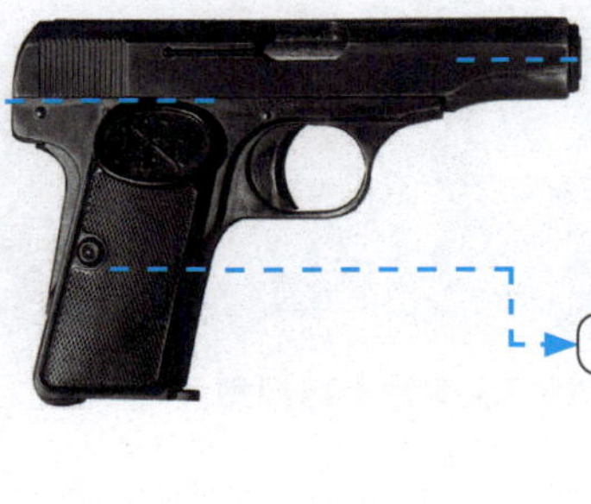

M1910 手枪是由勃朗宁设计、FN 公司生产的一款半自动手枪，属袖珍型手枪，作为比利时警察和军官的自卫用枪。该手枪后坐力很小，击锤不凸出，便于隐藏在衣袋内。复进簧中置布局的新颖设计，为这一小型自卫手枪奠定了“苗条”的骨架，其套筒口部的横截面也从传统的“8”字形变为“O”字形，并且还在枪口套的前缘上加工了一圈滚花，这样一来，不仅在旋转枪口套时手不至于打滑，而且还增添了枪的美观性。

比利时 FN M1935手枪

小 档 案

口　径：	9毫米
全　长：	197毫米
有效射程：	50米
枪口初速：	335米/秒
弹 容 量：	13发

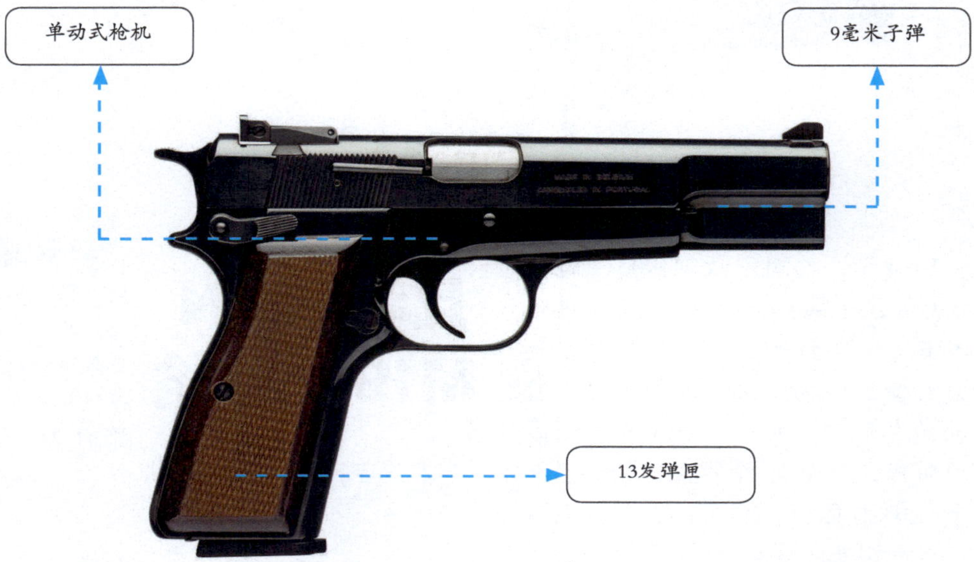

M1935是一支纯粹的常规单动型军用半自动手枪，也是世界上第一种采用大容量可拆卸式双排弹匣的手枪，其新设计的可拆卸式双排弹匣结构上为子弹双排左右交错排列，能够装填13发9×19毫米手枪子弹，作为一把军用型手枪而言是非常理想的。M1935手枪生产不久后二战就爆发了，在此期间，它被盟军和轴心国交战双方部队作为辅助武器所采用。二战结束后，FN公司逐渐恢复并继续生产M1935手枪，还被50支军队（93个国家）所采用，从而使M1935手枪在战后更为流行。

▲ 黑色涂装的M1935手枪

▲ M1935手枪上方视角

比利时 FN 57手枪

小 档 案

口 径 ：	5.7毫米
全 长 ：	208毫米
有效射程：	50米
枪口初速：	716米/秒
弹 容 量 ：	30发

FN57 手枪是比利时 FN 公司为了推广 SS190 弹而研制的半自动手枪，主要用于特种部队和执法部门。FN57 手枪在墨西哥被广泛地用于贩毒和其他犯罪用途，原因是其发射的 5.7 毫米口径子弹可以轻易地贯穿警察的防弹衣，而且要从美国走私到当地也相对容易，因此该枪也有着“警察杀手”的恶名。

▲ 加装消声器的 FN57 手枪

▲ 迷彩涂装的 FN57 手枪

比利时 FN BDA手枪

小档案	
口　径：	9毫米
全　长：	200毫米
有效射程：	50米
枪口初速：	350米/秒
弹容量：	14发

BDA手枪（BDA为Browning Double Action的缩写，意为勃朗宁双动操作型）是FN公司以M1935手枪为原型设计的一款新型半自动手枪，具有外形美观大方、结构紧凑、威力大、容弹量多、寿命高、故障率低和使用安全、可靠等特点。该手枪曾被多个国家的军警所装备，也受到许多枪械收藏家的喜爱。

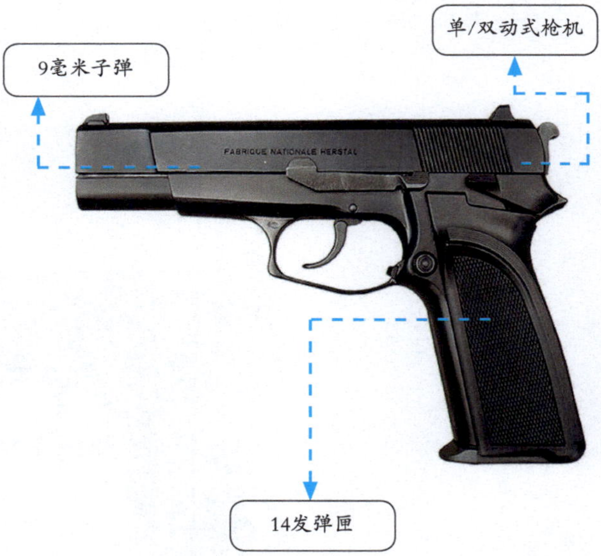

比利时 FN FNP手枪

小档案	
口　径：	9毫米
全　长：	188毫米
有效射程：	50米
枪口初速：	350米/秒
弹容量：	10/16发

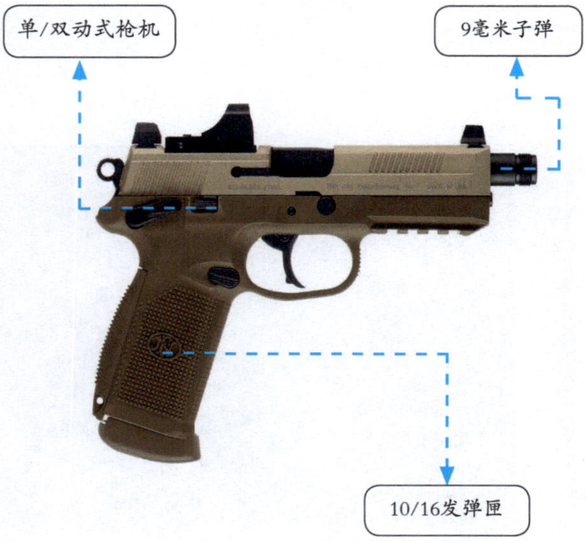

FNP手枪是FN公司设计生产的一系列半自动手枪，是市场上唯一的全聚合物制造底把的自动装填手枪（在FNP初次发售前）。该手枪具有协助完全更换底把的导轨，这样就算手枪因为多次射击而零件耗损过后仍能重组，从而延长全枪的寿命。

比利时 FN FNX手枪

小 档 案

口　径：	9毫米
全　长：	187.96毫米
有效射程：	50米
枪口初速：	430米/秒
弹 容 量：	17发

FNX 手枪是 FN 公司旗下位于美国南卡罗来纳州哥伦比亚的美国分公司设计和生产的一系列半自动手枪。与许多市场上的其他中央式底火手枪一样，FNX 手枪采用使用枪管短行程后坐作用的手枪系统，它最主要的不同之处是枪管后退和开锁以及以后的枪管和套筒行程。在 FN 公司的打造下，FNX 手枪各方面都十分完美，几乎找不到缺陷。而且它跟随时代潮流，具有采用高科技材料、使用新型设计以及运用较大弹容量等现代手枪必备的特征。该手枪在美国主要被一些警察部门所采用。

▲ FN FNX 手枪及弹匣

▲ FN FNX 手枪局部特写

瑞士 SIG Sauer P210手枪

小档案

口　径：	9毫米
全　长：	215毫米
有效射程：	50米
枪口初速：	335米/秒
弹容量：	8发

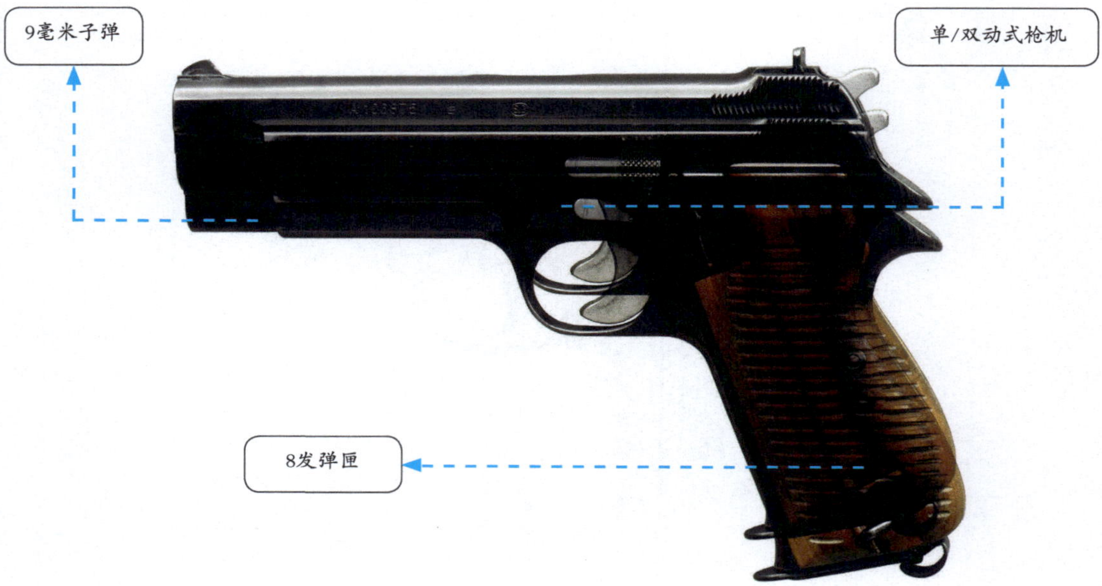

SIG Sauer P210 手枪是瑞士工业公司（SIG）于 20 世纪 40 年代为瑞士军队所设计的。该手枪的独特之处是它的钢制部件是由人工车削的，其套筒和骨架配套制成，采用高质量的 120 毫米枪管，并有严格的品质监控。因此，SIG Sauer P210 手枪的可靠性、准确度、耐用性都比一般手枪高，而且它的枪架、套筒和枪管都是配套制造，各打上相同的号码。虽然对手枪的批量生产带来了困难，但是作为主要提供给射击爱好者和收藏家的手枪，这却是一种难得的特色。

▲ SIG Sauer P210 手枪侧方特写

▲ SIG Sauer P210 手枪及其弹匣

瑞士 SIG Sauer P220手枪

小 档 案

口　径：	9毫米
全　长：	198毫米
有效射程：	50米
枪口初速：	345米/秒
弹容量：	9发

SIG Sauer P220 手枪是瑞士工业公司为代替 P210 手枪而研制的一种质优价廉的军用手枪，于 1975 年正式装备瑞士部队，编号为 M1975，随后日本、丹麦和法国也有装备。后来 SIG 公司以 P220 手枪为基础开发出 P225、P226、P229 等一系列不同类型的手枪，凭着其射击性能优良、操作安全可靠的优点，使整个 P 系列在军用、警用以及民间市场都十分受欢迎。

▲ 枪盒中的 SIG Sauer P220 手枪

▲ SIG Sauer P220 手枪及弹匣

瑞士 SIG Sauer P225手枪

小档案

口　径：	9毫米
全　长：	180毫米
有效射程：	50米
枪口初速：	340米/秒
弹容量：	9发

SIG Sauer P225 手枪是在 P220 手枪的基础上改进而成的，其体积和质量都比 P220 手枪小，为瑞士和德国警察部队所装备。该枪的握把形状和枪重心位置都设计得非常好，有利于射击控制。除此之外，P225 手枪的自动方式、闭锁方式、击针锁定结构、待击解脱杆以及挂机柄都与 P220 手枪基本相似。

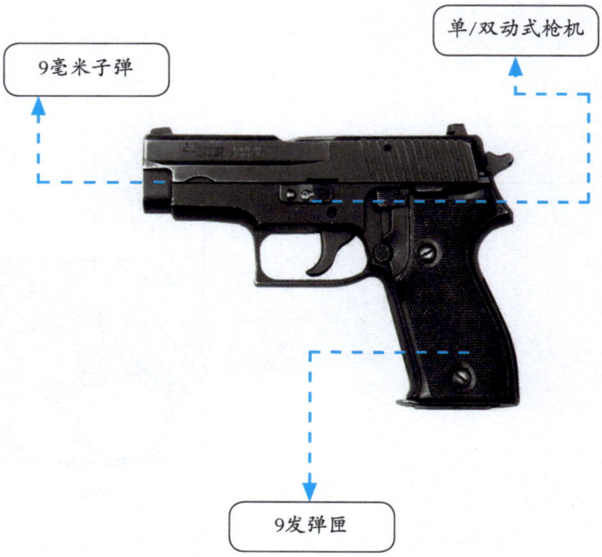

瑞士 SIG Sauer P226手枪

小档案

口　径：	9毫米
全　长：	196毫米
有效射程：	50米
枪口初速：	350米/秒
弹容量：	15发

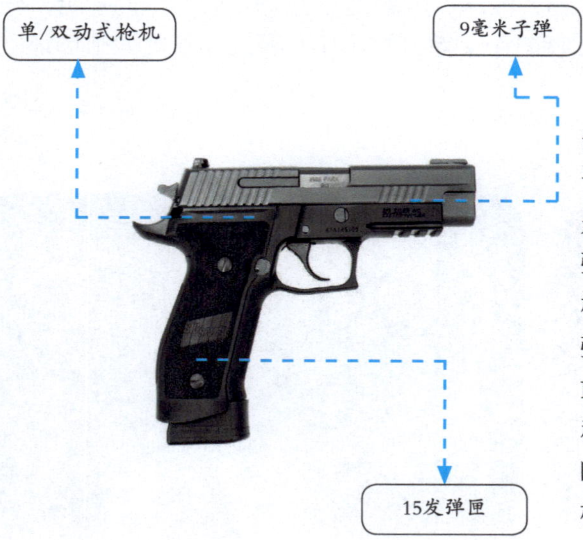

SIG Sauer P226 是一种单动 / 双动击发的半自动手枪。该枪的第一个原型于 1980 年生产，早期的原型实际上只是相当于把 P220 手枪改为双排弹匣供弹。与之前的 P220 手枪相比，P226 手枪主要是增大了弹匣容量，标准的 P226 弹匣容量为 15 发。除了扳机扣力外，P226 手枪的开锁引导面比 P220 手枪的稍长，这使得 P226 开锁时枪管偏移的时间会比 P220 稍迟一点，因此 P226 手枪的射击精度更高。

小档案	
口　径：	9毫米
全　长：	180毫米
有效射程：	50米
枪口初速：	340米/秒
弹 容 量：	13/15/17/18/20发

瑞士 SIG Sauer P228手枪

SIG Sauer P228手枪是P226手枪的紧凑型，其尺寸比P226较小一点。为了能进一步缩小全枪外形，P228手枪将弹匣容量也进行了削减。此外，P228的人体工程学也非常好。其握把形状的设计对射手非常舒服，而且指向性极好。双动扳机也极为舒适，即使是手掌较小的射手也可以轻松地操作，且单动射击时感觉更佳。

瑞士 SIG Sauer P229手枪

小档案	
口　径：	9毫米
全　长：	180毫米
有效射程：	50米
枪口初速：	309米/秒
弹 容 量：	12发

SIG Sauer P229是一款大口径手枪，经过多次改进之后，现在是一款性能非常可靠的手枪。它的外形与P228手枪非常接近，只是枪管略有不同。因为P229手枪继承了P228手枪的制作工艺，套筒采用冲压加工，在大口径弹药的作用下，此种工艺成型的钢无法承受膛内压力，因而发生破裂。但是机削加工能够解决该问题，因为美国拥有较好的机削加工技术，而且大口径手枪在美国拥有大量市场，大多数P229套筒使用美国不锈钢，枪架则使用德国铝合金。

小档案	
口　径：	9毫米
全　长：	168毫米
有效射程：	50米
枪口初速：	275米/秒
弹 容 量：	7发

瑞士 SIG Sauer P230手枪

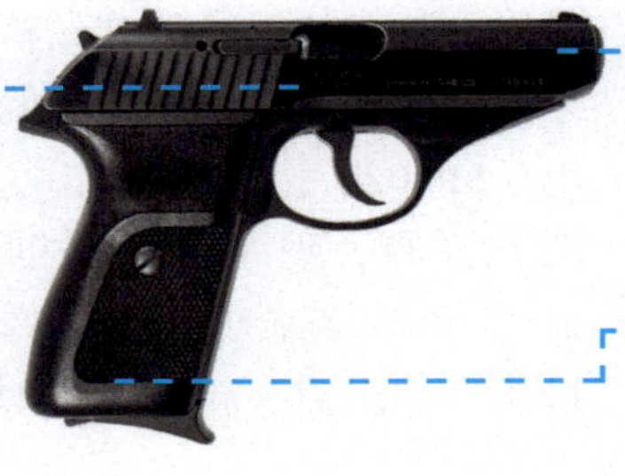

SIG Sauer P230是SIG公司首次生产的中型、中口径半自动手枪。虽然P230手枪是一款小型枪，但是撞针保险、击槌释放钮、双动扳机一应俱全，所以它是一款高安全性的手枪。该手枪在设计时主要是以供便衣人员使用为目标，所以为了缩小枪支的体积，只能采用单排式弹匣设计。除此之外，在枪支的外观设计上，也尽量做到避免有零件凸起的情况发生。

瑞士 SIG Sauer P239手枪

小档案

口　径：	9毫米
全　长：	168毫米
有效射程：	50米
枪口初速：	245米/秒
弹容量：	8发

SIG Sauer P239 半自动手枪是 P229 手枪的小型化，按 SIG 公司自己的称呼叫做“个人尺寸手枪”，但实际就是一种接近袖珍手枪尺寸的小型半自动手枪。该手枪结构简单可靠，虽然其尺寸比大多数袖珍手枪要稍微大一点，但它的威力比大多数袖珍手枪强大。而且 P239 手枪主要用于个人防身，可以使用双动、单动两种发射模式。由于尺寸紧凑，所以该手枪很适合隐蔽携带。当然，该手枪在美国也十分受欢迎，目前主要被美国海军特战开发小组和一些警察部门所采用。

瑞士 SIG Sauer SP2022手枪

小档案

口　径：	9毫米
全　长：	187毫米
有效射程：	50米
枪口初速：	390米/秒
弹容量：	15发

SIG Sauer SP2022 手枪是 1991 年在 SP2340/SP2009 手枪的基础上改进而来的，是 SIG 公司 SP 系列手枪中的最新型。SP2022 手枪继承了 P220 系列手枪的工作原理及基本结构，并在设计上有所创新和改进，从而使该枪具有结构紧凑、牢固、安全性良好和操作简便等特点。SP2022 手枪配用 15 发容弹量的直弹匣，射手可以根据弹匣侧面 13 个数字来观察剩余弹数，其排列与格洛克手枪弹匣类似。

瑞士 SIG Sauer P250 DCc手枪

小档案	
口 径：	9毫米
全 长：	183毫米
有效射程：	50米
枪口初速：	350米/秒
弹容量：	12/17发

P250 DCc 手枪是 SIG 公司设计生产的一款半自动手枪，是该公司第二代聚合物套筒座手枪（第一代为 SP2022 手枪）。P250 手枪虽然是一款紧凑型手枪，给人的第一印象却是比较厚重，握把前后及两侧有防滑凸点。由于采用了不同于 SP 系列的聚合物材料，因此该手枪较 SIG 公司其他系列的手枪具有更好的握持舒适性。

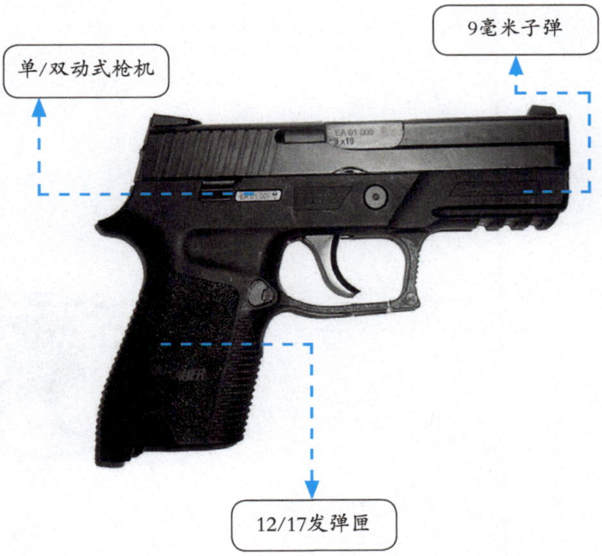

苏联TT手枪

小档案	
口 径：	7.62毫米
全 长：	196毫米
有效射程：	50米
枪口初速：	420米/秒
弹容量：	8发

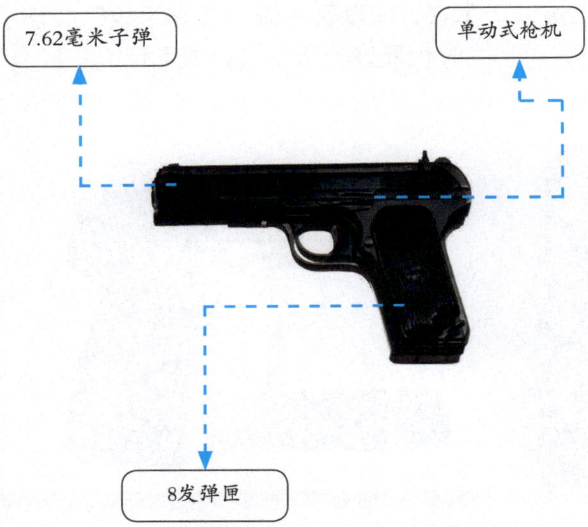

TT 手枪是苏联枪械设计师费德尔·华西列维奇·托卡列夫设计的一款半自动手枪，在二战中被苏军广泛采用。1951 年，当苏军列装 9 毫米口径的马卡洛夫 PM 手枪以后，TT 手枪便渐渐地退出苏军前线装备。尽管如此，直到 1970 年，一些当地警察部队仍然装备该枪。

苏联/俄罗斯 马卡洛夫PM手枪

小 档 案

口　径：	9毫米
全　长：	161毫米
有效射程：	50米
枪口初速：	315米/秒
弹 容 量：	8发

马卡洛夫 PM 半自动手枪由尼古拉·马卡洛夫设计，它是以德国的瓦尔特 PPK 手枪为基础而研制的。20 世纪 50 年代初成为苏联军队的制式手枪，1991 年开始逐渐退出现役，但目前仍然在俄罗斯和其他许多国家的军队以及执法部门中被大量使用。该手枪还有一个显著特点是体积小、重量轻，一般配发中级以上军官，所以又叫做“校官手枪”。该手枪应用广泛、生产量大，是世界上一支名枪，也是同时代最好的紧凑型自卫手枪之一。

▲ 马卡洛夫 PM 手枪及其他武器

▲ 马卡洛夫 PM 手枪、弹匣及子弹

苏联/俄罗斯 SPP-1手枪

小档案	
口 径 ：	4.5毫米
全 长 ：	244毫米
有效射程：	20米（水下）
枪口初速：	250米/秒
弹 容 量 ：	4发

SPP-1 是苏联研制的一款水下手枪，目前仍然被俄罗斯海军特种部队所装备，并通过俄罗斯政府控制的军事销售组织出口到其他国家。该手枪底把的左侧有一个扳把，有三个功能，位于顶端时是打开枪管用于装填，中间位置时是“保险”，而扳到底部时则是“发射”状态。

苏联/俄罗斯 Baikal MCM手枪

小档案	
口 径 ：	5.58毫米
全 长 ：	245毫米
有效射程：	25米
枪口初速：	330米/秒
弹 容 量 ：	5/6/10发

Baikal MCM 手枪是由苏联枪械设计师米哈伊尔·马戈林设计，伊热夫斯克兵工厂生产的一款半自动手枪。Baikal MCM 手枪射击精度高、性能可靠，并且符合当时经济效益，但是在瞄具上有一点小缺陷，这也许与设计师米哈伊尔·马戈林本身是一名盲人有关系，不过这一点小缺陷无伤大雅。

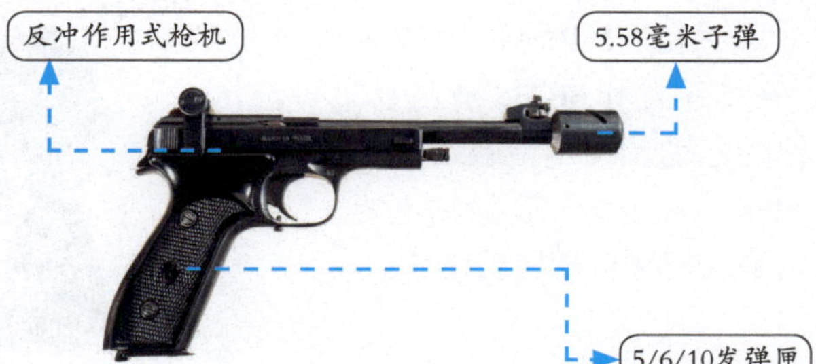

俄罗斯 MP-443手枪

小档案	
口 径 ：	9毫米
全 长 ：	198毫米
有效射程：	50米
枪口初速：	465米/秒
弹 容 量 ：	17发

MP-443 是由俄罗斯枪械设计师弗拉基米尔·亚雷金领导的设计团队研制，也是最新型俄罗斯军用制式手枪之一。MP-443 可以单动发射，也可双动式发射。在握把上方左右两侧成对配置手动保险杆，左右手均可操作。枪管后端装有卡铁，该卡铁是一种独立件，便于加工。

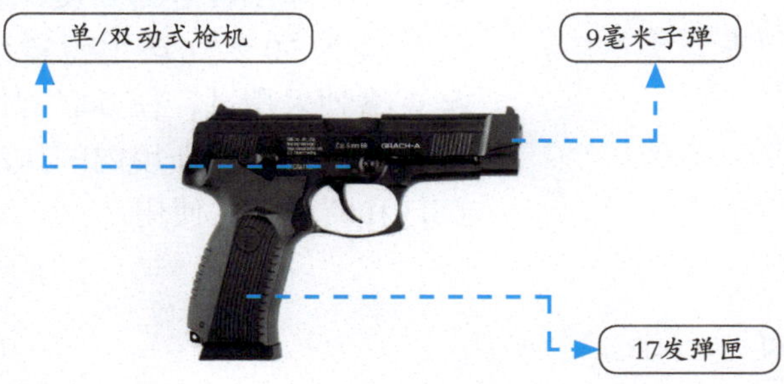

俄罗斯 MP-444手枪

小档案	
口　径：	9毫米
全　长：	186毫米
有效射程：	50米
枪口初速：	325米/秒
弹容量：	15发

MP-444是由弗拉基米尔·亚雷金领导设计的一款半自动手枪，它也是为了取代马卡洛夫PM手枪而生产的现代型半自动手枪。MP-444手枪的底把是由强大的热固性塑料作为外壳。该枪具有手动保险锁和自动撞针保险装置，并采用了可拆卸式、箱型、双排式弹匣供弹。

俄罗斯 MP-446手枪

小档案	
口　径：	9毫米
全　长：	196毫米
有效射程：	30米
枪口初速：	310米/秒
弹容量：	18发

MP-446是由俄罗斯枪械制造商伊热夫斯克兵工厂研制和生产的现代型半自动手枪，其空枪重830克，弹匣容量达到18发。该手枪是一把枪管短行程后坐作用，后膛装填及闭锁式手枪。MP-446手枪是MP-443手枪和6P35“亚雷金”手枪的运动及民用型版本，它与6P35“亚雷金”手枪的主要区别是底把材料和枪管结构。

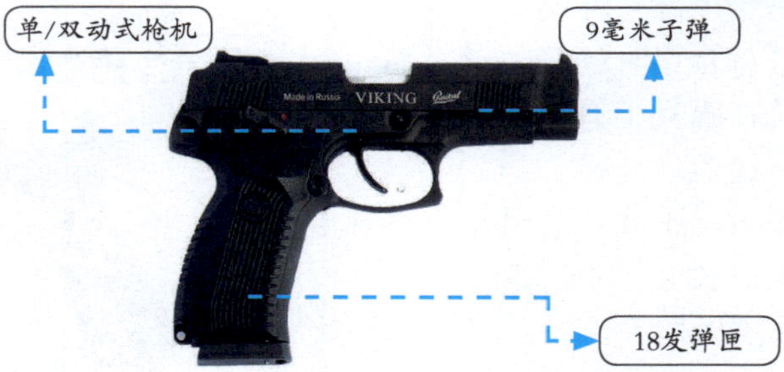

苏联/俄罗斯 PSS微声手枪

小档案	
口　径：	7.62毫米
全　长：	165毫米
有效射程：	25米
枪口初速：	200米/秒
弹容量：	6发

PSS手枪是专门针对克格勃的特工和苏联陆军中的特种部队而特别研制的，于1983年被正式采用。PSS手枪采用反冲作用运作，扳机为双动式设计，其弹匣容量为6发，有效射程为50米。该手枪曾经被克格勃采用过，在苏联解体后则转交给俄罗斯境内的执法部门和特种部队使用。

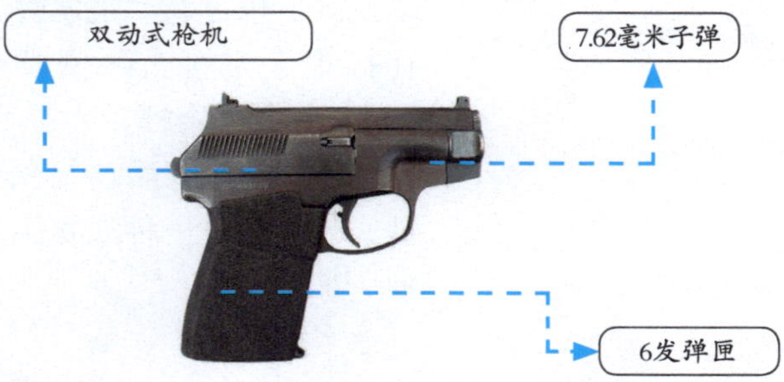

俄罗斯GSh-18手枪

小档案

口 径：	9毫米
全 长：	184毫米
有效射程：	50米
枪口初速：	535米/秒
弹 容 量：	18发

GSh-18 手枪是在 P96 手枪的基础上发展而来，专门为近距离战斗设计的半自动手枪。该手枪具有体积小、质量轻、弹匣容弹量大和射击稳定性好等优点，是俄罗斯乃至世界新一代军用手枪中的佼佼者。

▲ **GSh-18 手枪赏析图**

▲ **GSh-18 手枪不完全分解图**

俄罗斯SR-1维克多手枪

小 档 案

口　径：	9毫米
全　长：	200毫米
有效射程：	100米
枪口初速：	410～420米/秒
弹容量：	18发

SR-1维克多是由俄罗斯枪械设计师彼得·谢尔久科夫和伊戈尔·别利亚耶夫领导设计的一款半自动手枪。据曾使用这把手枪的射手指出，该手枪的握把对于俄罗斯人平均的手掌大小而言过大。而且握把背后的握把保险过小和过硬，这样可能导致在实战的心理压力下可能无法将握把保险正确地压到位而导致不能击发。

奥地利格洛克17手枪

小 档 案

口　径：	9毫米
全　长：	202毫米
有效射程：	50米
枪口初速：	375米/秒
弹容量：	33发（最大）

格洛克17是由奥地利格洛克公司设计生产的一款半自动手枪。该手枪于1980年开始研制，并于1983年成为奥地利陆军的制式手枪。格洛克17手枪采用枪管短行程后坐式原理，弹匣有多种型号，弹容量从10发到33发不等。格洛克17及其衍生型都以可靠性著称，因其坚固耐用的制造和简单化的设计，使它们能在一些极端的环境下正常运作，并且能够使用相当多种类的子弹，还可改装成冲锋枪。而且它的零件也不多，因此维修相当方便。

奥地利 格洛克19手枪

小档案	
口　　径　：	9毫米
全　　长　：	174毫米
有效射程：	50米
枪口初速：	375米/秒
弹 容 量 ：	33发

格洛克 19 是由奥地利格洛克公司设计生产的一款半自动手枪，全枪有 34 个零件，所有零部件均采用防锈表面处理。相对于格洛克 17 手枪，该手枪的握把只有 12 毫米长，更方便隐蔽。格洛克 19 手枪具有体积小、质量小、结构紧凑、便于隐蔽携带等优点，把它插入腰带内携带几乎看不出一点破绽。格洛克 19 手枪在民间市场也相当受欢迎，曾被执法部门广泛采用，现在被大量警察、特种警察部队及特种部队使用，是目前全球执法单位使用最多的枪械之一。

奥地利 格洛克20手枪

格洛克 20 是奥地利格洛克公司在格洛克 17 半自动手枪基础上研发的 10 毫米口径型号半自动手枪，主要针对美国安全机构和军事部门而设计，于 1991 年开始生产。格洛克 20 手枪的性能优秀，而且威力强大，有多种类型的衍生型号。虽然它是在格洛克 17 手枪的基础上发展而成，但是二者的零部件并不能完全通用，只有大约 50% 能够更换使用。2009 年时，格洛克公司还宣布提供一种长度为 152 毫米的枪管作为选择。

小档案	
口　　径　：	10毫米
全　　长　：	193毫米
有效射程：	50米
枪口初速：	380米/秒
弹 容 量 ：	15发

奥地利 格洛克26手枪

小档案	
口　　径　：	9毫米
全　　长　：	165毫米
有效射程：	50米
枪口初速：	355米/秒
弹 容 量 ：	10发

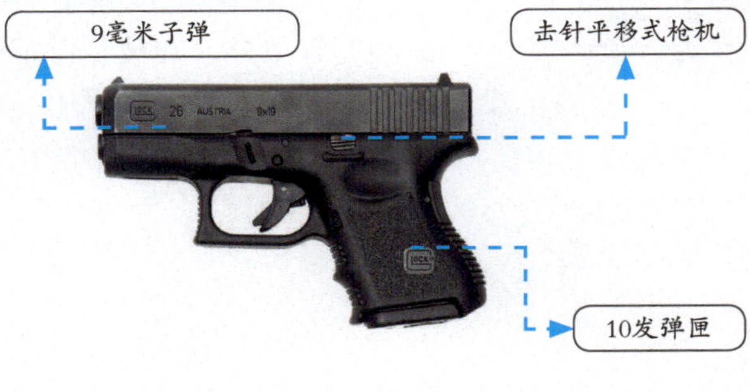

格洛克 26 手枪是奥地利格洛克公司设计生产的半自动手枪中尺寸最小的一款，属格洛克 17 手枪的袖珍版本，发射 9 毫米鲁格弹，标准弹匣容量为 10 发。格洛克 26 手枪面向民间市场销售，但也被执法部门广泛采用。与格洛克 17、格洛克 19 手枪相比，格洛克 26 手枪的握把少了一个手指凹槽，这是为了方便隐蔽。

奥地利格洛克27手枪

小档案	
口　　径：	10毫米
全　　长：	163毫米
有效射程：	50米
枪口初速：	375米/秒
弹容量：	31发

格洛克 27 是由奥地利格洛克公司设计生产的半自动手枪，其经历了四次修正版本，最新的版本称为第四代格洛克 27 手枪。第四代手枪会在套筒上型号位置加上“Gen4”以兹识别。2011 年开始，新推出的格洛克 27 手枪为了提高人机工效，采用了与第四代格洛克 17 手枪相同的新纹理，握把由粗糙表面改为凹陷表面，其握把面积略为缩小，还由以往的不能更换改为可以更换握把片，主要是为了调整握把尺寸，更适合不同的手形。

奥地利格洛克29手枪

小档案	
口　　径：	10毫米
全　　长：	177毫米
有效射程：	50发
枪口初速：	375米/秒
弹容量：	15发

格洛克 29 是奥地利格洛克公司设计生产的半自动手枪，也是格洛克 20 手枪的袖珍型口径版本，其标准弹匣为 15 发。格洛克 29 手枪有经改进的弹匣设计，为了方便左右手都可直接按下加大化的弹匣卡笋以更换弹匣，也可以与旧式弹匣共用，但这样就只能够右手按下弹匣卡笋以更换弹匣。

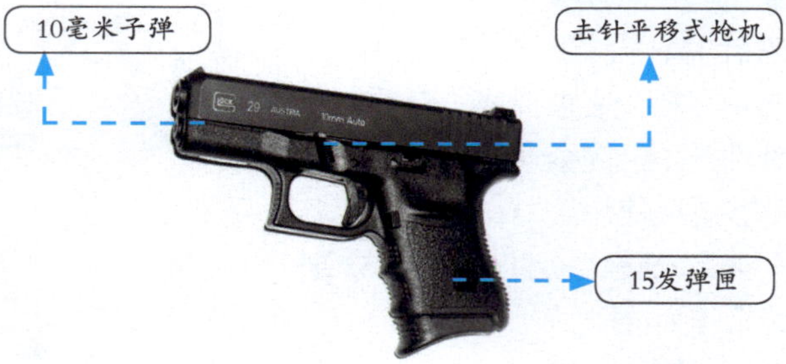

奥地利格洛克34手枪

小档案	
口　　径：	9毫米
全　　长：	224毫米
有效射程：	50发
枪口初速：	370米/秒
弹容量：	10/33发

格洛克 34 手枪是奥地利格洛克公司设计生产的一款比赛型半自动手枪。虽然格洛克 34 被定为竞赛型手枪，但由于其高命中精度和可靠的优点，因此格洛克 34 除了美国民间的订单外，亦被少量军警单位作为制式手枪所采用。

奥地利 格洛克36手枪

小 档 案	
口　径　：	11.43毫米
全　长　：	172毫米
有效射程：	50米
枪口初速：	330米/秒
弹 容 量 ：	6发

格洛克 36 是由奥地利格洛克公司设计生产的半自动手枪，是格洛克公司第一种瘦身手枪型号。该手枪机匣、套筒以及枪管的尺寸大小与其他型号不同，为了保持握把的阔度而改用了只有 6 发容量的单排弹匣，弹匣底座加厚以便于握持，因此无法与同口径型号互换。此外，该手枪拥有非常紧凑的外形，是美国国内很流行的小型自卫手枪，也是便衣探员以及私人保安等常用的“后备手枪”。

奥地利 格洛克41手枪

格洛克 41 是由奥地利格洛克公司设计生产的半自动手枪。该枪采用了与第四代格洛克 17 相同的新纹理，握把为凹陷表面和可以更换握把片（分别是中形和大形，也可以不装上握把片直接使用），以调整握把尺寸，更适合不同的手形。

小 档 案	
口　径　：	11.43毫米
全　长　：	226毫米
有效射程：	50米
枪口初速：	378米/秒
弹 容 量 ：	13发

奥地利 施泰尔GB手枪

小 档 案	
口　径　：	9毫米
全　长　：	216毫米
有效射程：	50米
枪口初速：	360米/秒
弹 容 量 ：	18发

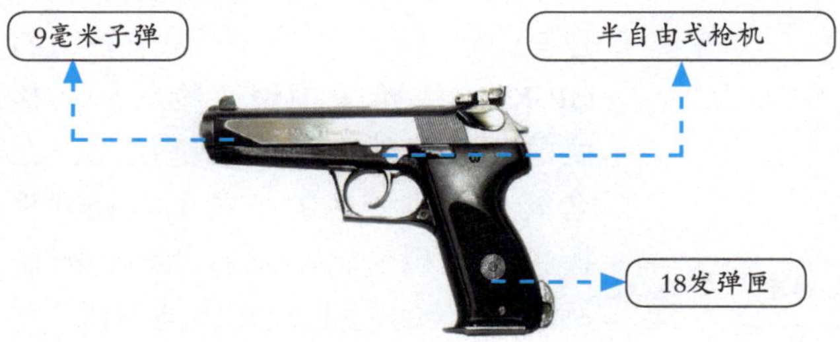

施泰尔 GB 手枪是由奥地利施泰尔－曼利夏公司设计生产的一款半自动手枪。该手枪采用了半自由枪机式工作原理，借助射击后流入气室内的火药气体达到延迟后坐的作用。另外，该手枪使用双排弹匣供弹，配有空仓挂机结构，主要用于杀伤近距离内的目标，在格洛克 17 手枪出现之前，它是奥地利军队最好的手枪之一。

捷克斯洛伐克 CZ-52手枪

小档案

口　径：	7.62毫米
全　长：	209毫米
有效射程：	50米
枪口初速：	500米/秒
弹容量：	8发

CZ-52手枪是捷克斯洛伐克的捷克兵工厂（CZ）研制的半自动手枪。自1952年起，CZ-52手枪就被捷克军队作为制式手枪使用，1982年该枪被CZ-82手枪取代。1987年后，大部分已退役的CZ-52被作为剩余物资售出。

捷克斯洛伐克/捷克 GP K100手枪

小档案

口　径：	9毫米
全　长：	203毫米
有效射程：	50米
枪口初速：	286米/秒
弹容量：	17发

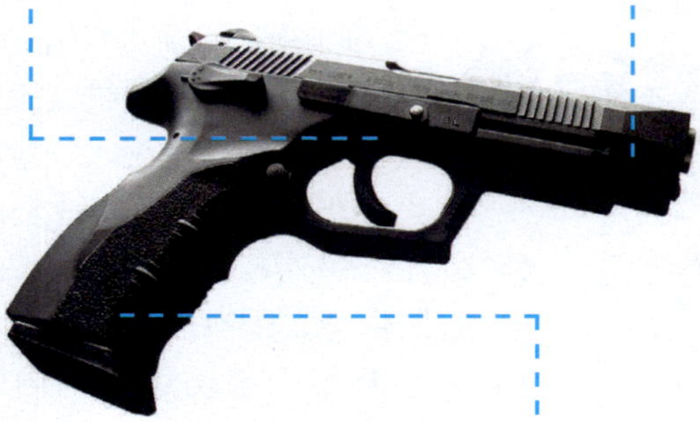

GP K100手枪是由巨大威力公司所研制的一款半自动手枪。该手枪使用起来相当舒适，指向性好，可靠性也不差。目前该手枪已经研制了一系列不同的型号，有纯双动型、战术型，也有比较便宜的经济型。从外形上看，GP K100手枪采用聚合物材料，整体式的附件导轨整合在底把前端，在与套筒和扳机接触的位置上有钢嵌件。握把表面粗糙，而且有凸筋，即使在潮湿的天气射手也能牢固地握持手枪。

捷克斯洛伐克/捷克CZ-75-P01手枪

小档案	
口　径：	9毫米
全　长：	184毫米
有效射程：	50米
枪口初速：	432米/秒
弹容量：	14发

CZ-75-P01 是由乌赫尔斯基·布罗德兵工厂所设计生产的一款半自动手枪，是 CZ-75 手枪的紧凑及铝合金底把型。CZ-75-P01 手枪射击时后坐力比较容易控制，此外，良好的人机工效设计也使射击时单手即可完成所有控制操作。手枪握把的前后两侧都装饰有漂亮的雕花方格纹，而左右两侧则用普通的砾石磨砂纹装饰，使枪握在手中给人一种非常牢靠的感觉，不会让人担心滑脱。该枪握把还采用河狸尾造型，为了能够帮助射手在射击时以最舒适的姿势、在最合适的位置、更牢固地握住枪支。

捷克斯洛伐克/捷克CZ-83手枪

小档案	
口　径：	7.65毫米
全　长：	172毫米
有效射程：	50米
枪口初速：	300米/秒
弹容量：	15发

CZ-83 是一种小型手枪，主要供警方与军方校级军官使用。因使用低威力子弹，所以 CZ-83 手枪的机械结构比较简单。该手枪使用双动扳机，当子弹上膛后，击锤回复原位，此时扣动扳机便可使击锤升至待发顶点，再释放击锤击发子弹，同时它还具备单动扳机的功能。该手枪在枪身两侧装有击锤保险，还有分解保险，当弹匣未取下时，手枪分解不开，它的扳机护圈较大，所以便于射手戴手套时射击。

捷克斯洛伐克/捷克CZ-85手枪

小档案	
口　径：	9毫米
全　长：	206毫米
有效射程：	50米
枪口初速：	390米/秒
弹容量：	16发

CZ-85 是由乌赫尔斯基·布罗德兵工厂设计生产的一款半自动手枪，是 CZ-75 手枪的双手操作型。CZ-85 手枪由当时的枪械设计天才“库斯基”兄弟研发，在其所有的 CZ 系列手枪中，CZ-85 手枪也是当时最具代表性作品之一。

捷克CZ-97B手枪

小档案

口　径：	11.43毫米
全　长：	211毫米
有效射程：	50米
枪口初速：	450米/秒
弹容量：	10发

CZ-97B是由乌赫尔斯基·布罗德兵工厂设计生产并于1997年推出的一款半自动手枪，因其口径的原因，所以很多人称CZ-97B为CZ-75B的“大哥哥”。CZ-97B手枪与CZ-75系列手枪最大的区别在于CZ-97B设有枪口帽，枪口帽靠螺纹固定在套筒口部，该枪口帽最大的好处是限制枪管的摆动幅度，有助于提高射击精度。

▲ 双手握持CZ-97B手枪

▲ CZ-97B手枪的弹匣及子弹

捷克CZ-110手枪

小档案	
口　径：	9毫米
全　长：	180毫米
有效射程：	200米
枪口初速：	376米/秒
弹容量：	13发

CZ-110是由乌赫尔斯基·布罗德兵工厂设计生产的轻量级半自动手枪，是CZ-100手枪的双动操作扳机版本。CZ-110不仅是一支枪管短行程后坐作用、后膛装填的半自动手枪，还是一支可以用击针发射的手枪，击针可以由套筒的复进循环令其完全竖起，如果不是必须立即开火的话，可以利用待击解脱杆降低击锤以锁上全枪。

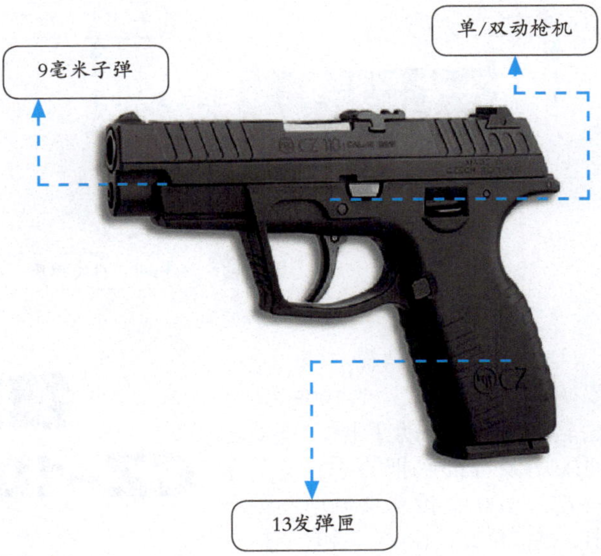

捷克CZ-P07手枪

小档案	
口　径：	9毫米
全　长：	182.88毫米
有效射程：	50米
枪口初速：	382米/秒
弹容量：	17发

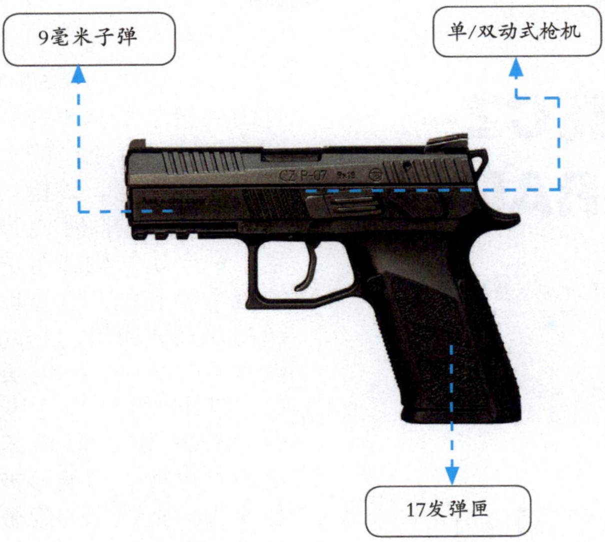

CZ-P07是由乌赫尔斯基·布罗德兵工厂设计生产的一款半自动手枪，是CZ-75手枪的聚合物底把紧凑衍生型，并具有一个重新设计的扳机机构。除此之外，CZ-P07手枪继承了CZ-75系列手枪出色的人机工效和高精度，同时采用了“欧米茄扳机系统”，配合减轻质量的聚合物枪身和紧凑型设计，非常便于隐蔽携带。

捷克CZ-P09手枪

小档案	
口　径：	9毫米
全　长：	205.74毫米
有效射程：	50米
枪口初速：	390米/秒
弹容量：	21发

CZ-P09是由乌赫尔斯基·布罗德兵工厂设计生产的一款半自动手枪，是CZ-P07手枪的全尺寸型，同样地具有一个重新设计的扳机机构，在进行重新设计时减少了手枪部件的数量，以及改进了扳机扣力。CZ-P09手枪的套筒比CZ-P07手枪的略厚，操作时会更加利于掌握及控制。

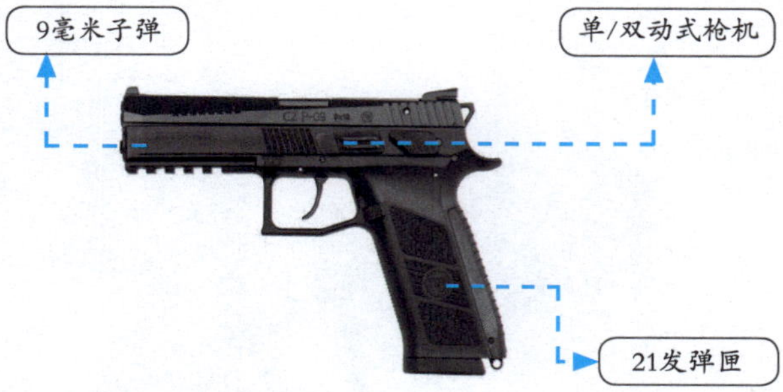

捷克CZ-100手枪

小档案	
口　径：	9毫米
全　长：	177毫米
有效射程：	50米
枪口初速：	375米/秒
弹容量：	13发

CZ-100是由乌赫尔斯基·布罗德兵工厂设计，在1995年生产的轻量级半自动手枪，是CZ系列采用聚合物底把的手枪之一。随后CZ-100手枪于2000年重新推出，称为CZ-100B手枪。该手枪新增了可调节式瞄准具、扳机和击发机构的操作，以及套筒和外部钢制部件的清洁加工。不仅如此，CZ-100手枪具有许多重要的手枪特点，它是一把击锤内置式扳机纯双动操作型手枪，这就意味着，除非扣动扳机，击发系统不会有张力。

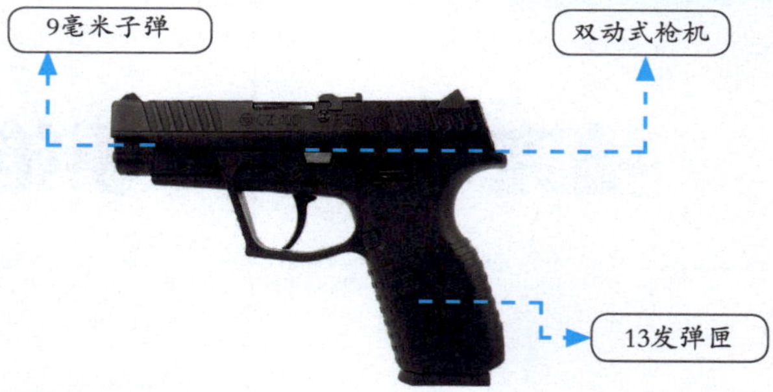

捷克CZ-2075-RAMI手枪

小档案	
口　径：	9毫米
全　长：	167毫米
有效射程：	50米
枪口初速：	365米/秒
弹容量：	14发

CZ-2075-RAMI是由乌赫尔斯基·布罗德兵工厂设计生产的一款半自动手枪。该枪具有双排交错排列式弹匣，全金属结构或可选的聚合物底把，以及锤锻制浮动式枪管。它的设计与CZ-75手枪类似，但其整体尺寸变小，令CZ-75等类似但笨重的大尺寸手枪能够被替换为一把理想的隐蔽携带武器。

以色列“沙漠之鹰”手枪

小档案

口　径：	12.7毫米
全　长：	267毫米
有效射程：	200米
枪口初速：	402米/秒
弹 容 量：	9发

“沙漠之鹰”是以色列军事工业（IMI 公司）生产的一种大口径半自动手枪。它采用 U 字形握把，通常为硬塑胶制成，握把很大，用弹簧销固定。它的闭锁式枪机与 M16 突击步枪系列的步枪十分相似，因枪管为固定式，所以在顶部有瞄准镜安装导轨，使用者能够自行加装瞄准设备，因其握把较大使其难以被单手握持，气动机械结构使其后坐力有所缓冲，所以女性也可以使用。“沙漠之鹰”手枪在射击时会产生很大的噪音，故障率也较高，其过大的杀伤力也是军方和警方对该枪兴趣降低的原因之一，因为这样无论是对射手还是射手旁边的人都存在很高的安全隐患。尽管如此，“沙漠之鹰”手枪依旧装备于少数国家的特警队或特种部队。

▲“沙漠之鹰”手枪与子弹

▲“沙漠之鹰”手枪与弹匣

以色列 杰里科941手枪

小 档 案

口 径：	9毫米
全 长：	207毫米
有效射程：	50米
枪口初速：	400米/秒
弹 容 量：	12发

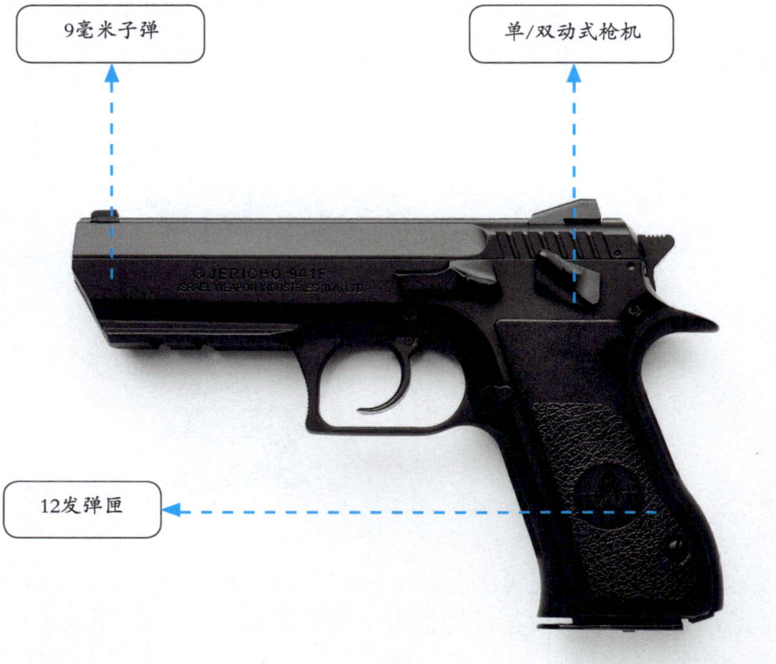

杰里科 941 手枪是以色列 IMI 公司设计生产的一款半自动手枪，虽然外形与“沙漠之鹰”手枪有些相似，但两者的内部结构完全不同。1990 年出口至美国，也被称为“乌兹鹰”和“小沙鹰”。以色列各种警察和安全部队也采用该手枪进行执法行动。

▲ 杰里科 941 手枪及枪盒

▲ 黑色涂装的杰里科 941 手枪

意大利伯莱塔 90TWO手枪

小档案

口 径 ：	9毫米
全 长 ：	216毫米
有效射程：	50米
枪口初速：	381米/秒
弹 容 量 ：	20发

90TWO 半自动手枪的设计极为出色，是意大利伯莱塔公司在继承 M92FS 手枪“血统”的前提下进行全新设计的最新型手枪。该手枪既保留了伯莱塔手枪的传统结构特征，又在外观与内部结构方面进行了开拓创新。作为 92FS 手枪的下一代军警两用手枪，该手枪在 2006 年的 SHOT Show（美国著名枪展）中，以伯莱塔 92 的增强版本之名推出。目前使用该手枪的国家包括意大利、日本、美国等。

▲ 伯莱塔 90TWO 手枪上方视角

▲ 伯莱塔 90TWO 手枪不完全分解图

意大利伯莱塔 Px4 Storm手枪

小档案

口　径：	9毫米
全　长：	193.04毫米
有效射程：	100米
枪口初速：	360米/秒
弹容量：	20发

伯莱塔 Px4 Storm 是由意大利伯莱塔公司为个人防卫和执法机关使用而设计生产的一款半自动手枪。该手枪不仅是采用先进技术的典范，还是先进工艺和外观美的最佳结合。该手枪的独特设计已得到广泛称赞，它的优点包括操作方便、性能可靠、采用塑料材料制造的套筒座、重视人机工效的模块化握把等。

▲ 伯莱塔 Px4 Storm 手枪及弹匣、子弹

▲ 伯莱塔 Px4 Storm 手枪不完全分解图

法国Mle 1950手枪

小档案

口　径：	9毫米
全　长：	196毫米
有效射程：	50米
枪口初速：	315米/秒
弹容量：	9发

Mle 1950手枪是法国军队在1950～1978年间的制式半自动手枪，期间共生产341900支。该手枪最初由莱劳特武器制造厂（MAC）生产，后来改由圣艾蒂安武器制造厂（MAS）生产。由于目前法军已换装PAMAS-G1手枪，所以只有少量的Mle 1950仍在服役，而多个前法属殖民地的军队、执法部门或警察至今仍继续使用法军遗留下来的Mle 1950作为制式手枪。

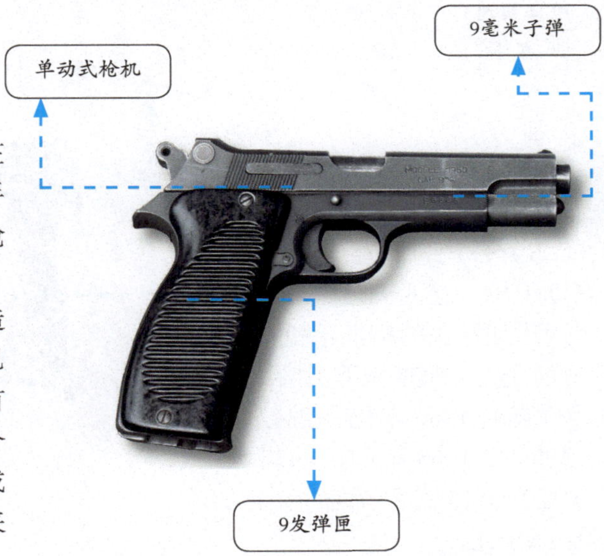

法国PAMAS-G1手枪

小档案

口　径：	9毫米
全　长：	217毫米
有效射程：	50米
枪口初速：	325米/秒
弹容量：	10/15/17发

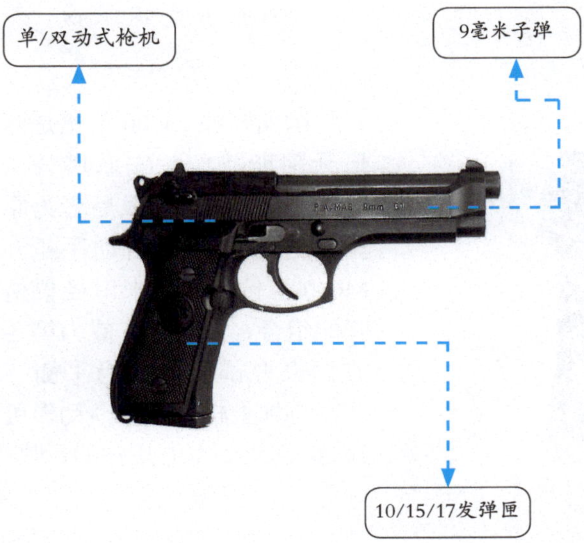

PAMAS-G1手枪是由法国地面武器工业集团公司（GIAT）生产的一款半自动手枪，其前身是意大利伯莱塔92手枪。除了军队外，法国的各执法部门也曾经把PAMAS-G1作为制式手枪，但后来其各种问题亦陆续暴露出来。因为安全上的考量，PAMAS-G1后来被法国政府淘汰撤装，而改以SIG SP2022作为新的制式手枪。

西班牙
阿斯特拉M400手枪

小 档 案

口 径 ：	9毫米
全 长 ：	225毫米
有效射程：	50米
枪口初速：	335米/秒
弹 容 量 ：	8发

阿斯特拉 M400 手枪是由西班牙阿斯特拉－安塞塔（Astra－Unceta）公司设计生产的一款半自动手枪，在西班牙内战期间作为西班牙军队的标准手枪，二战期间，也曾在德国军队中服役。该手枪直到 1950 年仍在继续生产。1956 ～ 1965 年间，西班牙军方有 106175 支手枪存货向民用批发商出售。

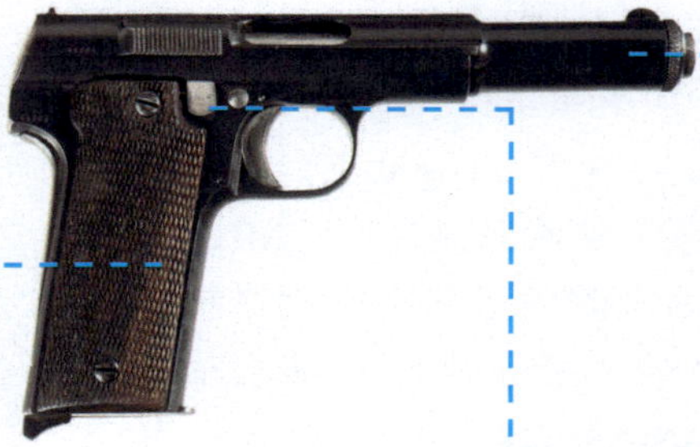

西班牙
阿斯特拉M600手枪

小 档 案

口 径 ：	9毫米
全 长 ：	205毫米
有效射程：	50米
枪口初速：	365米/秒
弹 容 量 ：	8发

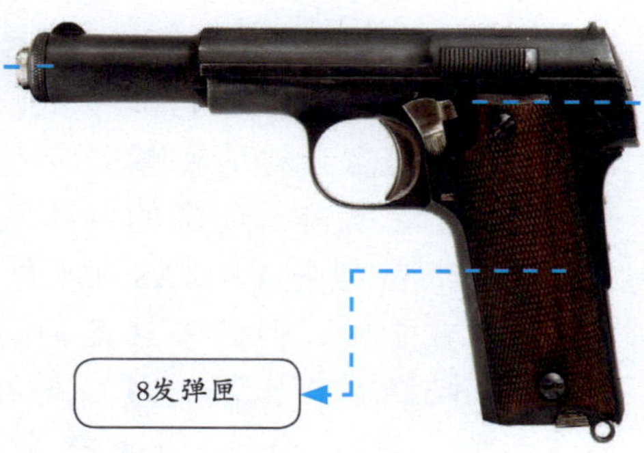

阿斯特拉 M600 手枪是西班牙阿斯特拉－安塞塔公司继 M400 手枪后，以后者为原型改进的一款半自动手枪。M600 手枪与 9 毫米口径鲁格弹的组合，从尺寸、威力等各方面来说都显得更为平衡一些，再加上机构简单、动作可靠，因而受到军方用户的青睐。

第3章

全自动手枪和个人防卫武器入门

全自动手枪通常被称为冲锋手枪、突击手枪，是一种类似冲锋枪用途，可全自动发射的手枪。个人防卫武器是美国于20世纪80年代提出的新武器概念，主要用于替换当时北约成员国所装备的制式冲锋枪，并在一定程度上代替手枪作为非前线军人的防卫性武器。本章主要介绍一战以来世界各国制造的经典全自动手枪，每种手枪都简明扼要地介绍了其制造背景和作战性能，并有准确的参数表格。

比利时 FN P90个人防卫武器

小档案	
口　径 ：	5.7毫米
全　长 ：	500毫米
有效射程：	150米
枪口初速：	900发/分
弹 容 量 ：	50发

FN P90是FN公司于1990年推出的一款个人防卫武器（Personal Defense Weapon，PDW）。PDW是西方国家使用的术语，指为非一线作战人员设计的紧凑型连发自卫武器。PDW属非“全尺寸”的武器，定位与手枪相似，但可以提供强于制式手枪的火力。该枪采用无托结构，因枪身重心靠近握把，因此有利于单手操作，还可快速灵活地改变指向。由于枪身很短，一般照门、准星的误差太大，所以FN P90需要使用光学瞄准器。该枪弹匣位于枪管上方，弹匣由半透明胶料制成，子弹放在弹匣内时，方向能与枪管成90度。

比利时FN P90 USG个人防卫武器

小档案	
口　径 ：	5.7毫米
全　长 ：	500毫米
有效射程：	150米
枪口初速：	900发/分
弹 容 量 ：	50发

FN P90 USG是FN P90个人防卫武器的衍生型号，两者的构造基本相同，区别在于瞄准具。FN P90 USG配备的MC-10-80光学瞄准镜使用铝合金制造，内部的瞄准点、圈为黑色，便于日间强光下使用。在黑暗环境下，标示会由氚气照成红色。瞄准镜可以移除，换成MIL-STD-1913导轨，以便安装其他瞄具。

德国 HK MP7个人防卫武器

小档案

口　径：	4.6毫米
全　长：	638毫米
有效射程：	200米
枪口初速：	724.81米/秒
弹容量：	40发

HK MP7 是由德国 HK 公司设计生产的一款个人防卫武器，兼具冲锋枪和全自动手枪的设计。该枪装有特制的消声器，不会因为消声而降低精确度、贯穿力和射速。HK MP7 可以选择单发或全自动发射，并配有 40 发容量长弹匣。该枪由三颗销钉固定，射手只需用枪弹作为工具就能够完成它大部分的分解。该枪采用 4.6×30 毫米子弹，这种子弹有重量轻和后坐力低的优点，能够提供足够的穿透力，有效射程也较远，只是制止能力不太好。

德国HK MP7A1个人防卫武器

小档案

口　径：	4.6毫米
全　长：	638毫米
有效射程：	200米
枪口初速：	724.81米/秒
弹容量：	40发

HK MP7A1 是德国 HK 公司于 2003 年推出的 HK MP7 的改良型。HK MP7A1 的射速被降至每分钟 850 发，整体尺寸略微加长，但枪托略微缩短，因此总长度依旧和 HK MP7 相同。2005 年，HK MP7A1 加入了类似格洛克手枪的扳机安全系统，还改良了备用照门，所以全枪重量略微增加。

德国 HK VP70全自动手枪

小档案

口 径：	9毫米
全 长：	204毫米
有效射程：	50米
枪口初速：	360米/秒
弹容量：	18发

HK VP70 手枪是德国 HK 公司设计生产的一款结构特殊的全自动手枪。它不仅是 HK 公司的转型之作，也是第一种以聚合物材料制造的手枪。该枪的一个重要特点是双动结构，因此枪上并没有保险装置，而它的另一个显著特点是大量采用塑料件和铝制件。当单手射击时，HK VP70 可作为手枪使用；当将枪套作为枪托使用时，HK VP70 可作为冲锋枪使用，可进行三发控制点射。

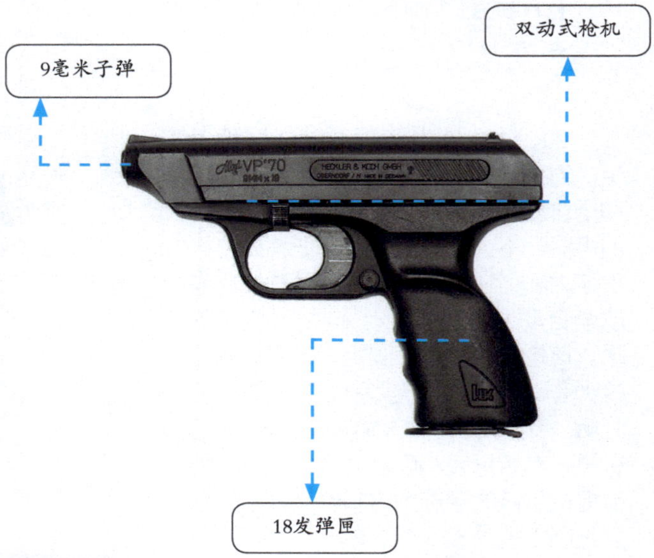

苏联/俄罗斯 APS全自动手枪

小档案

口 径：	9毫米
全 长：	225毫米
有效射程：	50米
枪口初速：	340米/秒
弹容量：	20发

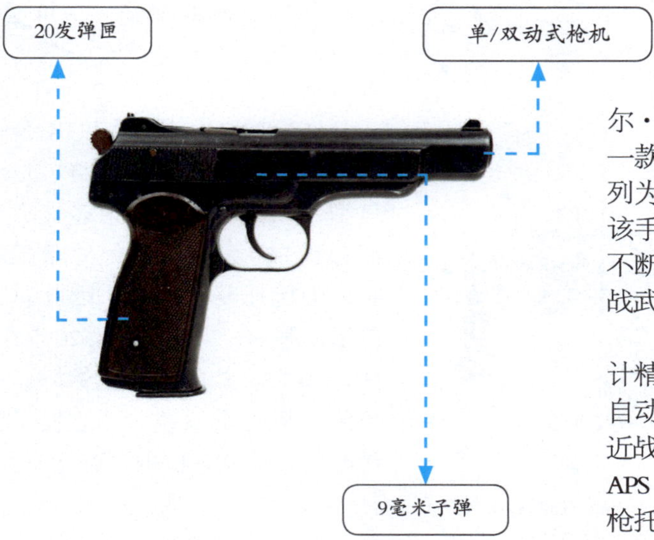

APS 手枪是由苏联枪械设计师伊戈尔·斯捷奇金设计、图拉兵工厂生产的一款全自动手枪，也是世界上极少数被列为制式武器的全自动手枪之一。虽然该手枪在推出后爆出诸多缺陷，但经过不断改进，逐渐成为一款性能优秀的近战武器。

APS 手枪最大的特点是有良好的设计精准度和较大的弹容量，既可以用半自动模式准确迅速地射击，也能在室内近战的紧急情况下进行全自动射击。此外，APS 手枪采用了一种可驳接到手枪上充当枪托的硬壳式枪套，既能通过腰带卡把枪套挂在腰上，也可通过手枪握把尾端的引导槽驳接枪套，当作枪托使用。

俄罗斯PP-2000个人防卫武器

小档案	
口 径：	9毫米
全 长：	240毫米
有效射程：	100米
枪口初速：	460米/秒
弹容量：	44发

PP-2000是由俄罗斯KBP仪器设计局研制的一款个人防卫武器，兼具冲锋枪和全自动手枪的设计。该枪是一种传统的后坐力操作的武器，枪口可装上消声器。PP-2000的设计非常紧凑，能够以最小的体积取得最强的火力。值得一提的是，为了取代从苏联时期使用至今的AKS-74U卡宾枪，PP-2000在2008年被俄罗斯警方采用，而内务部等多个执法机关也有装备。

美国MAC-10全自动手枪

小档案	
口 径：	9/11.43毫米
全 长：	269毫米
有效射程：	50米
枪口初速：	280米/秒
弹容量：	32发

MAC-10是美国枪械设计师戈登·英格拉姆于1964年为美国特种部队设计的开放式全自动手枪。该枪的零部件几乎完全采用薄钢板以冲压成型的方式加工制造，而枪机则是采用精密铸造技术生产，整体制造工艺比较简单。另外，MAC-10使用了开放式枪机，较轻的开放式枪机令其有着较高的射速，但由于它的机匣过于狭小，枪机后坐距离较短，射速过高，所以容易引起卡弹等故障。

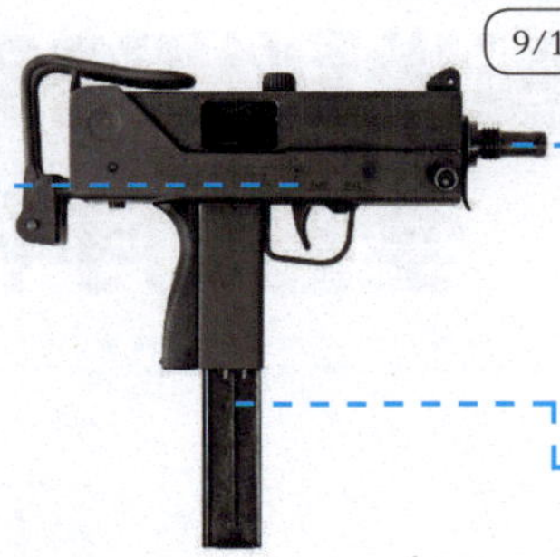

奥地利施泰尔TMP全自动手枪

小档案	
口 径：	9毫米
全 长：	282毫米
有效射程：	50～100米
枪口初速：	380米/秒
弹容量：	30发

TMP是奥地利施泰尔－曼利夏公司设计生产的一款全自动手枪。该枪结构简单、操作简便，并且包含了冲锋枪和手枪两种武器的性能。它不仅零件少，而且在保险方面也有着自己的特色。TMP全自动手枪装有向前倾的前握把，有助于射击时稳定持枪和瞄准，还可在前握把安装战术配件，以便在连发时保持稳定射击。TMP全自动手枪一经推出就被奥地利军队采用，使用者包括车辆、飞机驾驶员以及工兵、通信兵、重武器射手等。

意大利伯莱塔93R全自动手枪

小档案	
口 径：	9毫米
全 长：	250毫米
有效射程：	50米
枪口初速：	375米/秒
弹 容 量：	20发

93R手枪是意大利伯莱塔公司于20世纪70年代设计生产的一款全自动手枪。该手枪采用单动式设计，射击模式有单发及三发点射可供选择，其三发点射模式表面上看起来能够节省子弹、提高命中率，但事实上却限制了它的火力。由于执法人员对93R手枪的评价一向不高，使其难以打入市场，1993年便停止生产。

奥地利格洛克18全自动手枪

小档案	
口 径：	9毫米
全 长：	186毫米
有效射程：	50米
枪口初速：	360米/秒
弹 容 量：	33发

格洛克18手枪是奥地利格洛克公司在格洛克17半自动手枪基础上改进而来的一款全自动手枪。该枪新增了全自动模式，可以选择单发或者连发射击，在使用连发射击时，射速可达1200发/分，基本上可以和冲锋枪相媲美。由于该枪的火力较大，为了防止意外走火伤人，故该枪采用了安全行程保险机构。通常情况下，撞针只会处于待发状态下的三分之一位置，在扣动扳机时会引导撞针进入待发状态并同时击发。

捷克斯洛伐克Vz.61全自动手枪

小档案

口　径：	9毫米
全　长：	270毫米
有效射程：	50～100米
枪口初速：	320米/秒
弹容量：	20发

Vz.61 手枪是由捷克斯洛伐克扎斯塔瓦武器公司生产的一款全自动手枪。该枪于 20 世纪 50 年代后期开始研制，其原型在 1959 年推出，称为 S-59 手枪，在 1961 年正式获得采用时，被定型为“1961 年型手枪”，简称 Vz.61。该手枪结构比较简单，采用机械瞄准具，前方为柱形准星、后方为觇孔照门。Vz.61 手枪既可作为近距离作战中的突击武器，还可以作为个人防卫武器，其尺寸较小，便于隐藏，消声效果也不错，在近距离有着无可比拟的火力。

瑞士B&T MP9全自动手枪

小档案

口　径：	9毫米
全　长：	303毫米
有效射程：	50～100米
枪口初速：	400米/秒
弹容量：	30发

B&T MP9 手枪是瑞士布鲁加·托梅公司设计生产的一款全自动手枪。该手枪所有零部件浑然一体，即使装上战术配件，线条依旧十分流畅。它采用新型工程塑料制造，抗腐蚀性强，即使在海水中使用也不容易生锈。由于该手枪是以施泰尔 TMP 手枪改进而成的，所以它也装有向前倾的前握把，在连发时的稳定和准确度与施泰尔 TMP 手枪也非常相似。这样的设计充分考虑到人体工学，使用简单、质量可靠、精确度高，能够在紧急情况下单手使用。

德国毛瑟C9 全自动手枪

小档案

口 径：	7.63/9毫米
全 长：	288毫米
有效射程：	100米
枪口初速：	425米/秒
弹 容 量：	10发

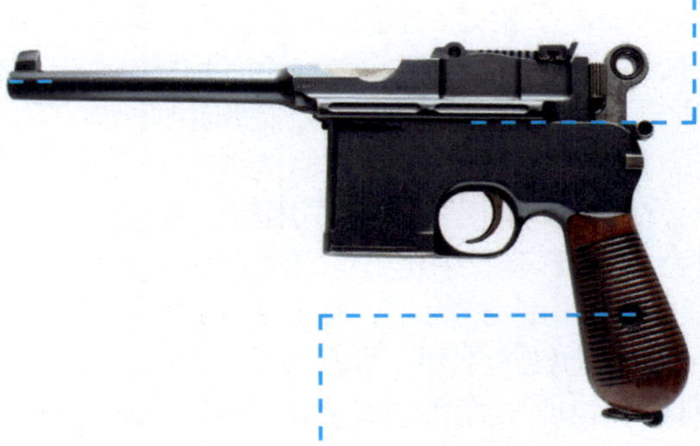

C96手枪是德国毛瑟公司在1896年推出的半自动手枪，后经改进，推出了全自动/半自动可转换型，因全自动型的枪套是一个可作为枪托的木制的盒子，所以在中国称为“盒子炮”或“匣子枪”。C96手枪采用枪管短行程后坐作用原理，具有射程远、装弹量大、射击精度高等优点。

瑞典CBJ-MS 个人防卫武器

小档案

口 径：	6.5/9毫米
全 长：	535毫米
有效射程：	150米
枪口初速：	830米/秒
弹 容 量：	30发、100发（弹鼓）

CBJ-MS是瑞典枪械设计师伯蒂尔·约翰逊设计的一款个人防卫武器，必要时可充当手枪、冲锋枪、突击武器和轻型支援武器。该枪可以发射专门研发的6.5×25毫米子弹和9×19毫米子弹。在作为纯军事用途时，CBJ-MS发射的是6.5×25毫米子弹，能够有效打击轻装甲车辆。必要时，CBJ-MS只要通过简单的改换枪管，就可以发射适合警察、训练和其他特殊用途的9×19毫米子弹。

第4章

左轮手枪入门

左轮手枪是一种个人使用的多发装填非自动枪械，其主要特征是枪上装有一个转鼓式弹仓，内有5～7个弹巢（大多为6个），枪弹装在巢中，转动转轮，枪弹可逐发对准枪管。本章主要介绍一战以来世界各国制造的经典左轮手枪，每种手枪都简明扼要地介绍了其制造背景和作战性能，并有准确的参数表格。

美国柯尔特 M1917手枪

小 档 案

口 径：	11.43毫米
全 长：	270毫米
有效射程：	50米
枪口初速：	231.7米/秒
弹 容 量：	6发

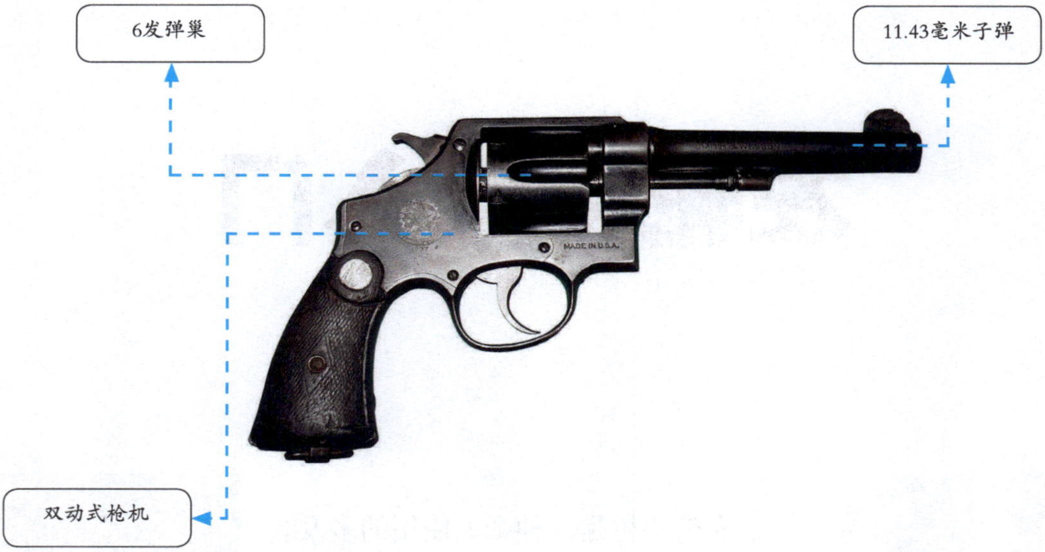

M1917 手枪是美国柯尔特公司在一战期间研制的左轮手枪，由 M1909 左轮手枪改进而来。该手枪采用半月形弹夹，无底缘手枪弹，枪架与弹巢间的间隙比较大。一战期间，M1917 手枪主要用作射击训练。在一战结束后的一段时间内，该手枪依旧是美国、英国等其他国家的制式装备。

▲ **M1917 手枪上方视角**

▲ **分解后的 M1917 手枪**

美国柯尔特“骑兵”手枪

小档案	
口　径：	11.17毫米
全　长：	375毫米
有效射程：	70米
枪口初速：	335米/秒
弹容量：	6发

“骑兵”（Dragoon）手枪是由著名枪械设计师塞缪尔·柯尔特于 1848 年研制的左轮手枪，研制目的是为了取代问题较多的“沃克”（Walker）左轮手枪。“骑兵”手枪于 1848 年被美国陆军选为制式手枪，但直到美国南北战争期间才真正开始普及。该手枪是最早期的左轮手枪之一，在装弹之前射手必须在弹巢内注入黑火药。

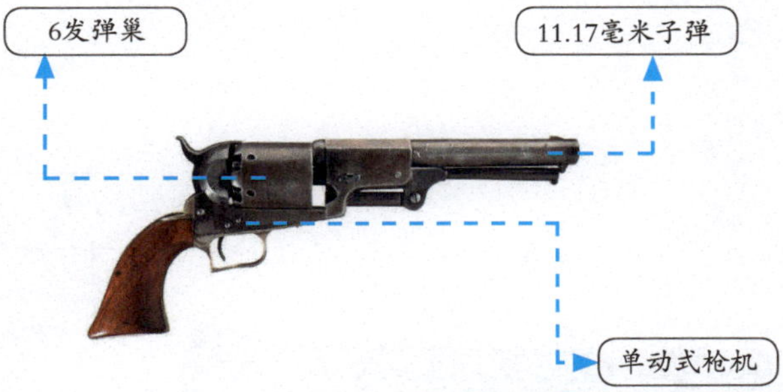

美国柯尔特“海军”手枪

小档案	
口　径：	9.14毫米
全　长：	330毫米
有效射程：	50米
枪口初速：	256米/秒
弹容量：	6发

“海军”（Navy）手枪是由塞缪尔·柯尔特于 1850 年研制的左轮手枪，一直持续生产至 1873 年，后逐渐被使用金属弹药的手枪所取代。除在美国生产外，“海军”手枪也曾在英国伦敦生产，并被命名为“柯尔特 M1851 海军伦敦型”。另外，该枪也曾出口到一些欧洲国家以及加拿大，并在一些战役中投入使用。与“骑兵”手枪相比，“海军”手枪显得比较轻巧。

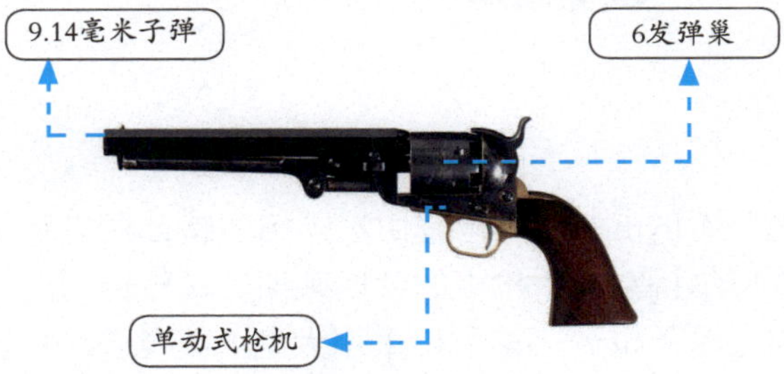

美国柯尔特“执法者”手枪

小档案	
口　径：	9毫米
全　长：	182毫米
有效射程：	50米
枪口初速：	300米/秒
弹容量：	6发

“执法者”（Lawman）手枪是美国柯尔特公司于 1969 年研制生产的左轮手枪，其外形采用复古式设计，性能安全可靠，为美国警方所采用。“执法者”手枪的体积较小，全长仅为 182 毫米，而且仅重 735 克，非常适合随身携带。该手枪使用的瞄准装置为照门和准星结构，不过照门无法调节。

美国柯尔特“蟒蛇”手枪

小档案

口 径：	9毫米
全 长：	217毫米
有效射程：	50米
枪口初速：	353.56米/秒
弹容量：	6发

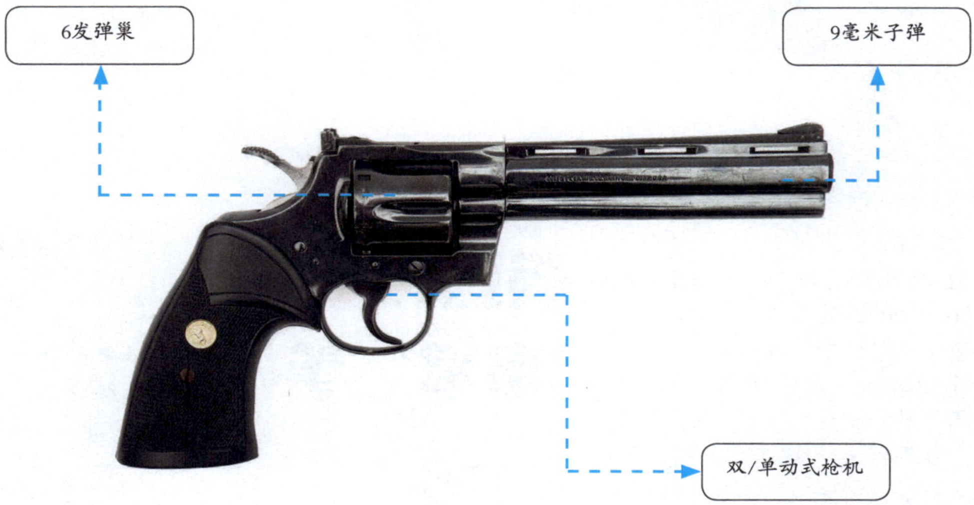

“蟒蛇”（Python）手枪是由美国柯尔特公司设计生产的一款左轮手枪，被历史学家威尔逊称为“柯尔特左轮手枪中的劳斯莱斯”，枪械历史学家伊恩·霍格也曾经形容它是“世界上最佳的左轮手枪”。该手枪采用大型I式底把，并且有一个兼具弹仓和膛室功能的转动式弹巢。“蟒蛇”手枪的射击精准度较高，扳机扣动十分容易，但拥有较为紧密的弹仓闭锁。该手枪主要面向民间用户，美国执法机关曾少量装备。

▲ “蟒蛇”手枪侧方特写

▲ “蟒蛇”手枪及其他配件

美国柯尔特“响尾蛇”手枪

小 档 案	
口　径：	9毫米
全　长：	229毫米
有效射程：	50米
枪口初速：	350米/秒
弹容量：	6发

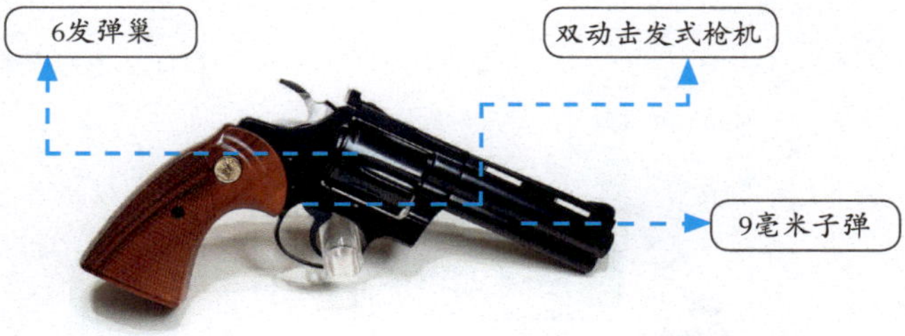

“响尾蛇”(Diamondback)手枪是由美国柯尔特公司研制的一款左轮手枪。该手枪性能较为优秀，外形与“蟒蛇”左轮手枪有相似之处，两款手枪口径同为9毫米，只是“响尾蛇”手枪的轮轴套延长到枪口，还可以在手枪上加装瞄准镜来提高射击精度。“响尾蛇”手枪使用的子弹为马格南枪弹，其轮式弹巢能够容纳6发子弹。此外，“响尾蛇”手枪还有10毫米和15毫米两种型号的枪管。

美国柯尔特“巨蟒”手枪

“巨蟒”（Anaconda）手枪是由美国柯尔特公司设计生产的一款左轮手枪，又称“狂蟒”手枪。该手枪是二战后柯尔特公司最主要的双动式左轮手枪，因射击精确而闻名，可发射具有巨大威力的子弹，适用于打猎和射击比赛。“巨蟒”手枪结构简单，安全可靠，可轻易排除不发弹。除了握把以外，全枪均采用不锈钢精细加工，表面抛光。握把材质分为橡胶和木头两种类型。“巨蟒”手枪的整体结构紧凑，其弹膛为整体转轮，上面设有6个供安装子弹的弹槽，依次与枪管吻合，能够进行单发射击。

小 档 案	
口　径：	9毫米
全　长：	245毫米
有效射程：	50米
枪口初速：	330米/秒
弹容量：	6发

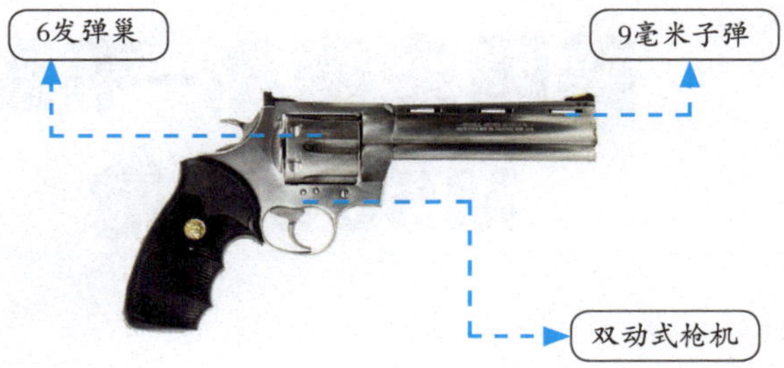

美国柯尔特“眼镜王蛇”手枪

小 档 案	
口　径：	9毫米
全　长：	191毫米
有效射程：	50米
枪口初速：	430米/秒
弹容量：	6发

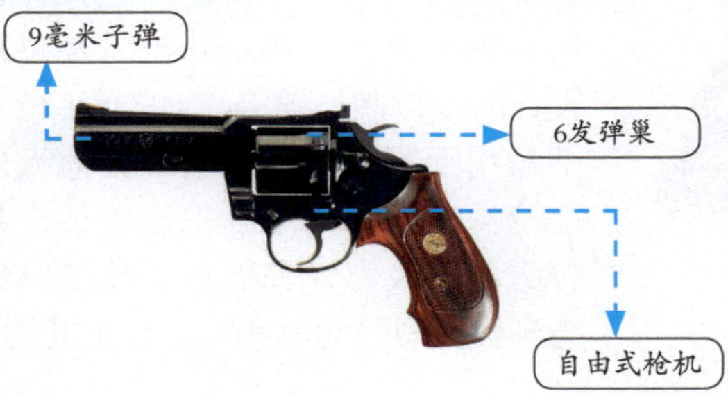

“眼镜王蛇”（King Cobra）手枪是美国柯尔特公司于20世纪80年代设计生产的一款左轮手枪。该手枪是以“骑兵”左轮手枪为蓝本改进而来，改进内容主要包括：装上增加强度的重型枪管，使用了在枪管底部的全尺寸型弹巢退壳杆以及枪管顶部的散热肋条等。“眼镜王蛇”左轮手枪的用途十分广泛，主要用于瞄准射击、自我防卫和狩猎。相比“蟒蛇”手枪而言，“眼镜王蛇”手枪使用的材料更现代化，虽然重量有所增加，但是可靠性和火力等方面都有所提高，称得上是“蟒蛇”手枪的升级版，主要服务于执法机关和民间枪械爱好者。

美国史密斯–韦森M460手枪

小档案	
口　径：	11.68毫米
全　长：	254毫米
有效射程：	50米
枪口初速：	640米/秒
弹容量：	5发

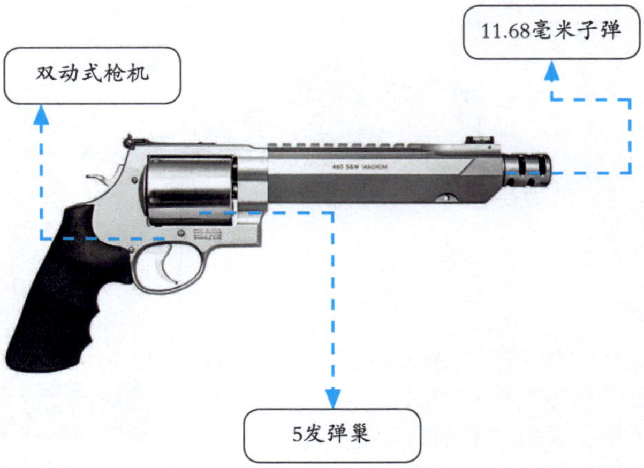

M460手枪是由美国史密斯–韦森公司研制生产的一款5发式左轮手枪，它在2005年首次亮相以后，就赢得了射击工业学院年度手枪优秀奖。该手枪的基本设计是以其他的X形底把左轮手枪为基础，史密斯–韦森公司曾经评价它是“当今世界初速最高的批量生产左轮手枪”。M460手枪最独特的地方是被设计成适合在非洲和阿拉斯加等比较危险的地区进行狩猎活动。

美国史密斯–韦森M500手枪

小档案	
口　径：	12.7毫米
全　长：	228.6毫米
有效射程：	50米
枪口初速：	632米/秒
弹容量：	5发

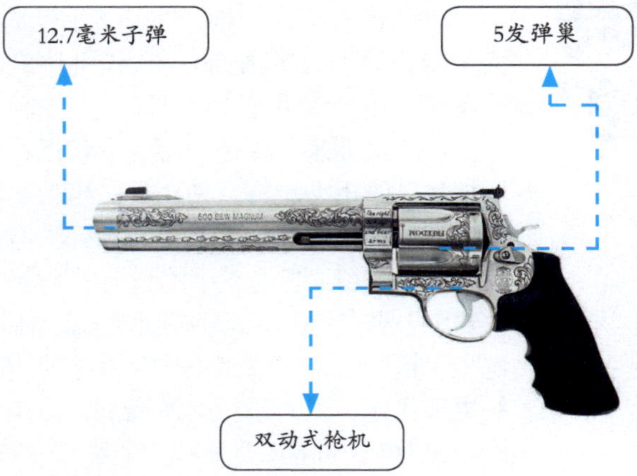

M500手枪是由美国史密斯–韦森公司研制生产的一款5发式左轮手枪。虽然该手枪发射的子弹威力非常大，但其设计先进，有助于减少持枪者的后坐感，这些设计包括超重的枪身、橡胶底把以及特别设计的枪口制退器等。M500手枪并不是用于军事用途，它和其他大口径枪械一样适用于射击运动或户外狩猎，大威力弹药使该手枪能够狩猎到极大型的北美和非洲野生动物。

美国史密斯-韦森M586手枪

小档案

口 径	9毫米
全 长	235毫米
有效射程	25米
枪口初速	212米/秒
弹容量	7发

M586 手枪是由美国史密斯－韦森公司研制生产的一款 7 发式左轮手枪，最早于 1980 年开始生产，并在 20 世纪 90 年代后期停止生产。该手枪具有烤蓝钢结构，能够装填及发射 0.38 英寸（9 毫米）史密斯－韦森特种弹（相当于 9 毫米弹药）。M586 手枪使用的是瞄准风格的可调节式照门，并具有 K 形底把尺寸的握把，其目的是为了配合其直径更大的弹巢。由于 M586 手枪主要是针对执法机关市场，因此大多数型号都有着比 M686 手枪较为缩短的枪管，但尽管如此，M586 手枪在执法机关和运动射击市场都产生了重大的影响。

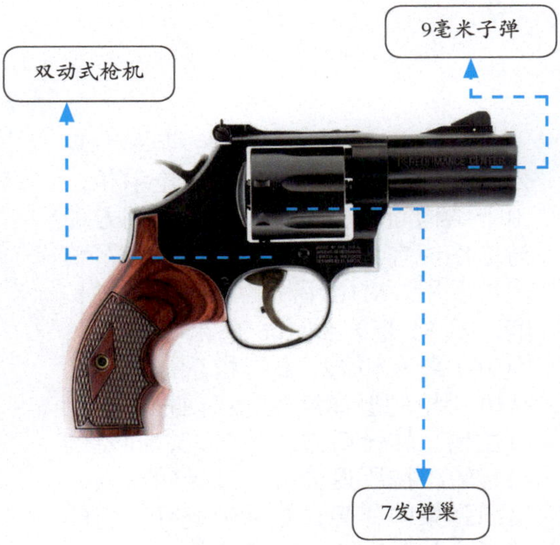

美国史密斯-韦森3号手枪

小档案

口 径	11.17毫米
全 长	305毫米
有效射程	50米
枪口初速	224米/秒
弹容量	6发

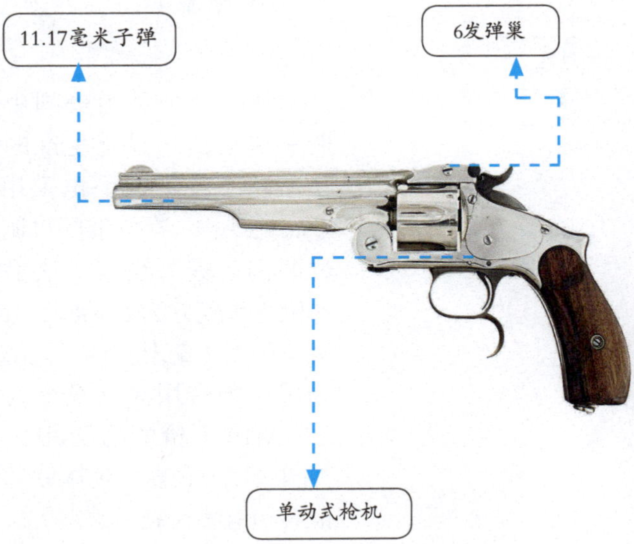

3 号手枪是由美国史密斯－韦森公司研制生产的一款中折式装填左轮手枪，也是美军历史上第一种使用金属壳弹药的制式手枪。该手枪采用单动式枪机，折开式装填设计。19 世纪中期，由于当时弹药的装填物多数是黑火药，所以导致大部分手枪都存在许多缺点，例如装填速度慢、结构复杂以及容易受到潮湿天气的影响等，3 号左轮手枪也不例外。

美国史密斯–韦森 M10手枪

小档案

口　径：	11.43毫米
全　长：	235毫米
有效射程：	30米
枪口初速：	198米/秒
弹 容 量：	6发

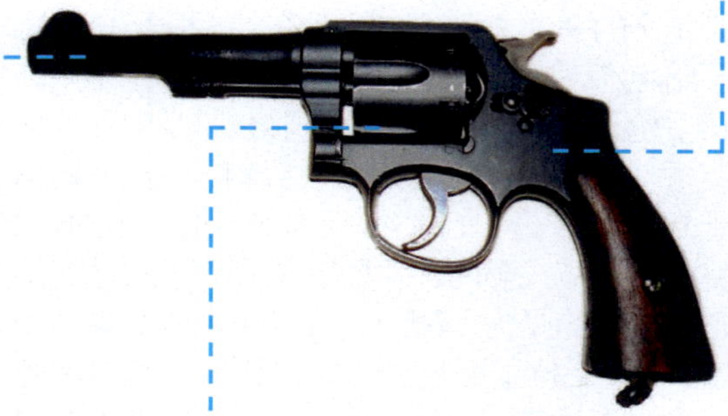

M10手枪是美国史密斯–韦森公司于19世纪末研制的左轮手枪，由于结构简单、坚实耐用、使用方便与价格便宜，先后被多个国家的军警用户采用。M10手枪的枪管有多种长度，从51毫米到165毫米不等，其中102毫米和127毫米枪管最常见。M10手枪的退弹过程为：前推位于枪身左侧、转轮后方的转轮闩，向左旋出转轮，按压退壳杆打开转轮底板并退出弹巢中弹壳；松开退壳杆，将转轮复位并确保转轮闩锁定。

美国史密斯–韦森 M19手枪

小档案

口　径：	9毫米
全　长：	190毫米
有效射程：	50米
枪口初速：	370米/秒
弹 容 量：	6发

M19手枪是由美国史密斯–韦森公司设计生产的一款左轮手枪。该手枪采用K形底把结构，有标准的可调定位照门，威力较强。该手枪的枪管长度分为63毫米、102毫米和152毫米三种，大部分都用于警察用途以及个人自卫。M19手枪的主要用户有美国边境巡逻队、德国联邦情报局和南澳大利亚警察等。

美国史密斯-韦森 M22手枪

小档案

口径	:	11.43毫米
全长	:	234.95毫米
有效射程	:	50米
枪口初速	:	385米/秒
弹容量	:	6发

M22 手枪是由美国史密斯－韦森公司设计生产的一款精致商业版手枪。该手枪是一种大型底把双动左轮手枪，也是一种精准度很高的武器，采用了 10 厘米连底部凸杆枪管、固定机械瞄具、黄檀木握把和一个内置锁。M22 手枪可以使用半月夹或全月夹勾住子弹勾槽用来协助发射 0.45 英寸（11.43 毫米）ACP、0.45 英寸（11.43 毫米）Auto Rim 和 0.45 英寸（11.43 毫米）GAP 这三种手枪子弹。

▲ 史密斯－韦森 M22 手枪

▲ 史密斯－韦森 M22 手枪特写

美国史密斯–韦森 M27手枪

小档案

口　径：	9毫米
全　长：	235毫米
有效射程：	50米
枪口初速：	285米/秒
弹容量：	6发

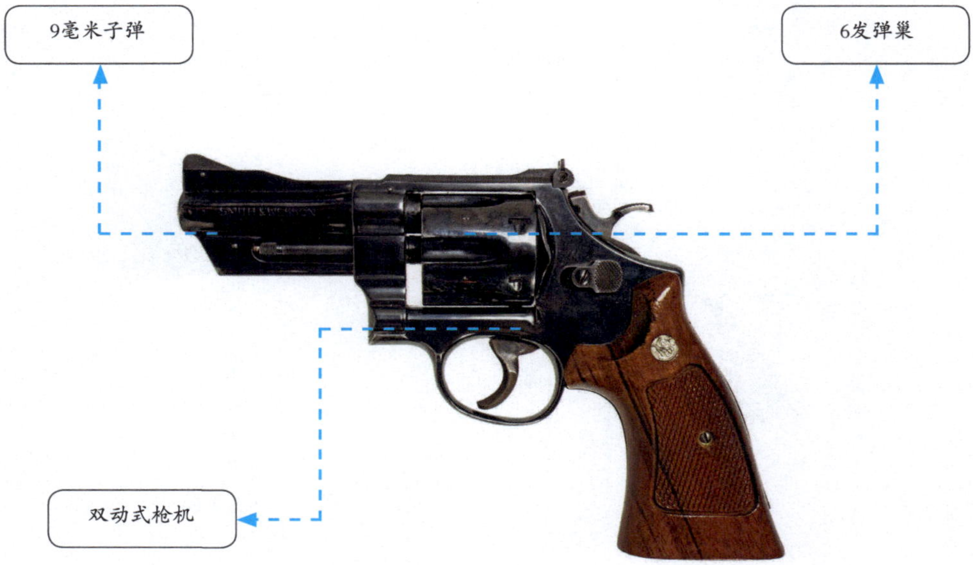

M27手枪是由美国史密斯－韦森公司于20世纪30年代设计生产的一款左轮手枪，有着优秀的耐用性和可靠性，曾被巴顿将军称为“杀戮之枪”，而且当时还深受美国联邦调查局特工的青睐。M27手枪不仅拥有优美的外形和精准的射击度，杀伤力也十分强大，各方面性能都力压同时期的其他左轮手枪。用户可以根据自身喜好，为M27手枪更换不同长度的枪管、握把、准星、扳机、击锤和表面处理。

▲ 史密斯－韦森 M27 手枪左侧方特写

▲ 史密斯－韦森 M27 手枪套装

美国史密斯–韦森M28手枪

小档案	
口 径 ：	9毫米
全 长 ：	234毫米
有效射程：	50米
枪口初速：	285米/秒
弹 容 量 ：	6发

M28 手枪是美国史密斯–韦森公司以 M27 手枪为基础设计的一款左轮手枪。该手枪采用 6 发式碳钢 N 形底把，使用烤蓝表面处理，而不是抛光表面处理。顶框和底把圆弯部分以微珠喷砂，实现了哑光的外观。M28 手枪的主要用户是警察和喜爱射击运动的平民，除美国之外，意大利、挪威、英国等国也有使用 M28 手枪。

美国史密斯–韦森M29手枪

M29 手枪是由美国史密斯–韦森公司设计生产的一款左轮手枪。该手枪采用 N 形碳钢底把，2003 年开始推出更大的 X 形底把。该枪的设计结构十分简单，所用的零件数量也很少，但破坏力却相当强大，并且安全可靠。它和大部分左轮手枪一样，如果一发子弹突然瞎火，再扣动扳机后，另一发子弹就会对准枪管待击。总的来说，M29 手枪非常有实战价值，特别适用于近距离的应急自卫。

小档案	
口 径 ：	10.9毫米
全 长 ：	353毫米
有效射程：	50米
枪口初速：	450米/秒
弹 容 量 ：	6发

美国史密斯–韦森M36手枪

小档案	
口 径 ：	9毫米
全 长 ：	158毫米
有效射程：	23米
枪口初速：	350米/秒
弹 容 量 ：	5发

M36 手枪是由美国史密斯–韦森公司研制生产的一款 5 发双动操作式左轮手枪。该手枪设计小巧而紧凑，转轮闩位于枪身左侧，退弹时向前推转轮闩，向左即可旋出转轮，后按退壳杆退出弹巢中的弹壳或枪弹。另外，M36 手枪还具有镀镍或烤蓝表面处理以及木质或橡胶握把。该手枪是许多警察机构，包括纽约市警察局的警探和便衣刑警的制式携带武器，甚至还有警察将 M36 手枪用作他们在执行主要职务的自卫武器。

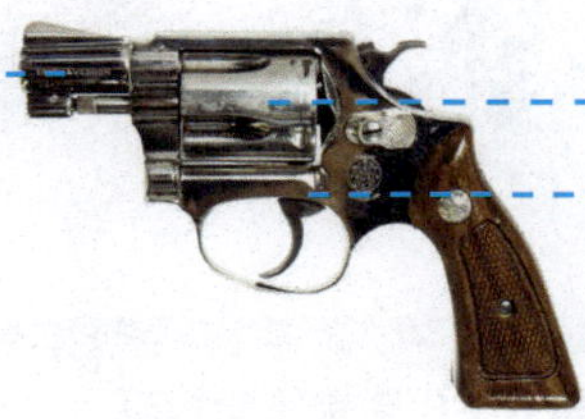

美国史密斯–韦森 M60手枪

小 档 案

口 径：	9毫米
全 长：	127毫米
有效射程：	50米
枪口初速：	325米/秒
弹 容 量：	5发

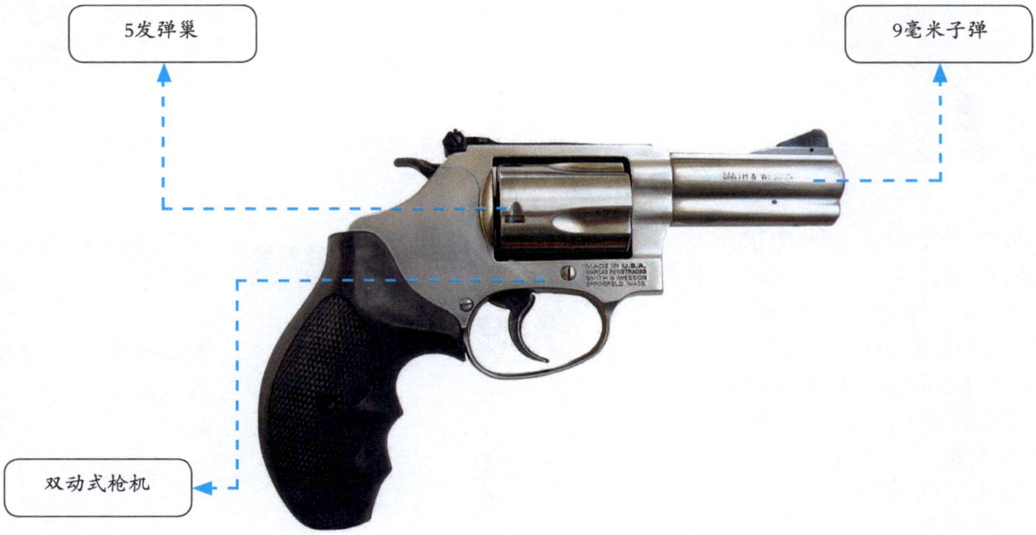

M60 手枪是美国史密斯 – 韦森公司于 1965 年设计生产的一款左轮手枪，具有体积小、质量轻、方便携带、抗锈蚀能力强、不易被发现以及抽枪比较容易等特点，主要是针对那些经常在户外活动的人而设计。M60 手枪的结构设计和表面处理都做得相当完美，其旧式生产版本只配备固定机械瞄具，现代化的生产版本通常有可调节式照门和前方固定机械瞄具两种。该枪的照门为方形缺口式，能够调整高低和风偏，准星为斜坡式，且斜坡上有一个内凹的红点，由于在瞄准射击时，过于光滑的枪管表面会产生反光，所以枪管上端设计有锯齿状条纹。

▲ 史密斯 – 韦森 M60 手枪及子弹

▲ 史密斯 – 韦森 M60 手枪转轮特写

美国史密斯–韦森 M66手枪

小档案	
口　径：	9毫米
全　长：	280毫米
有效射程：	50米
枪口初速：	325米/秒
弹容量：	6发

M66 手枪是美国史密斯 – 韦森公司于 1970 年研制的左轮手枪，由 M19 左轮手枪改进而来。M66 手枪和 M19 手枪的外形结构一模一样，仅在表面做了防腐蚀处理，将准星涂成红色。M66 手枪采用不锈钢制造，口径为 9 毫米，全长达 280 毫米，空枪重 1300 克，有四种不同长度的枪管。

美国史密斯–韦森 M327 TRR8手枪

M327 TRR8 手枪是美国史密斯 – 韦森公司设计生产的一款 8 发式左轮手枪。该手枪的枪管下方和转轮座顶部均设有两个可拆卸式附件导轨，可以附加光学瞄准镜和激光瞄准器等，实现了左轮手枪战术化的理念。M327 TRR8 手枪采用钪合金枪身，具有实心底把、可摆出式弹巢，既不会出现转轮座强度不足的问题，又可以实现高度轻量化，并且能够发射大威力的马格南子弹。

小档案	
口　径：	9毫米
全　长：	267毫米
有效射程：	50米
枪口初速：	325米/秒
弹容量：	8发

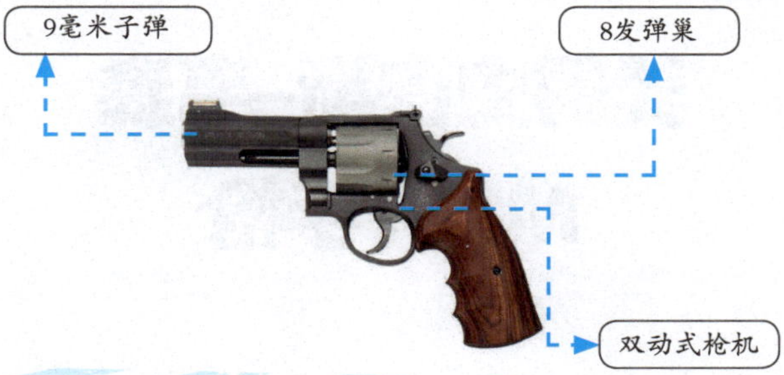

美国史密斯–韦森 M329PD手枪

小档案	
口　径：	11.17毫米
全　长：	241.3毫米
有效射程：	50米
枪口初速：	330米/秒
弹容量：	6发

M329PD 手枪是美国史密斯 – 韦森公司继 M29 左轮手枪之后新设计的一款左轮手枪，其用途与后者一样，主要用于狩猎。M329PD 手枪使用了钪合金底把和钛合金弹巢，装上了一个霍格公司生产的蔷薇木握把（可改用黑色橡胶握把），并采用了集光 HI–VIZ 红色光纤准星和可调节的 V 形缺口式照门。手枪表面具有消减眩光的磨砂黑色外观，以及磨砂灰色的弹巢。

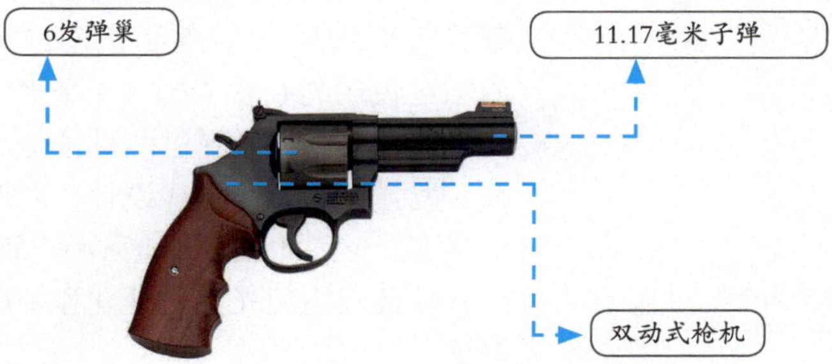

美国史密斯–韦森M625手枪

小档案

口　径：	11.43毫米
全　长：	267毫米
有效射程：	50米
枪口初速：	240米/秒
弹容量：	6发

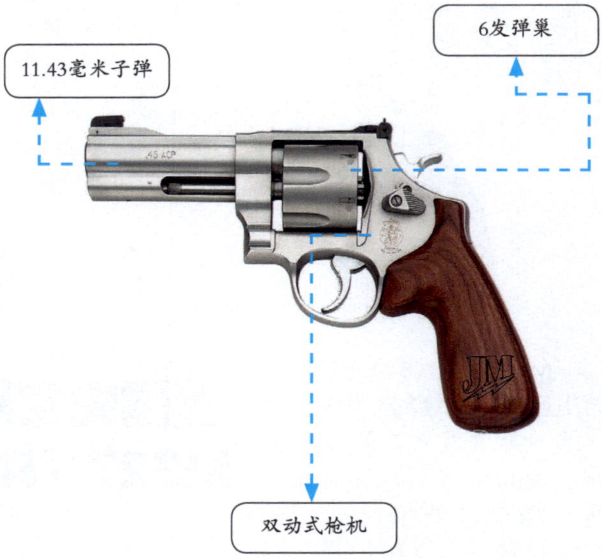

M625手枪是由美国史密斯–韦森公司研制生产的一款6发式左轮手枪，采用重型枪管和大重量枪身，以便吸收射击时的后坐力，提高射击精度。从外形上来看，M625手枪的握把整体较为小巧，适合手小的女性使用，而且该握把具有多种选择，包括木制刻纹和黑色橡胶，照门、准星和握把都可在无需工具下自行改进，可最大程度地满足射手的不同习惯。

美国史密斯–韦森M627手枪

小档案

口　径：	9毫米
全　长：	193.7毫米
有效射程：	50米
枪口初速：	335米/秒
弹容量：	8发

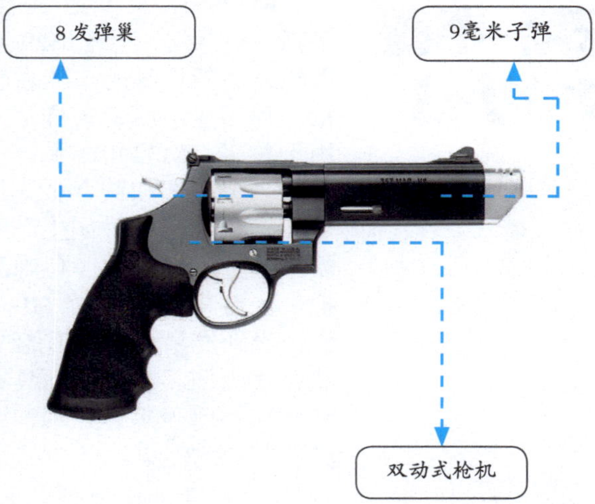

M627手枪是由美国史密斯–韦森公司设计生产的一款8发式N形底把双动操作个人防护及狩猎用左轮手枪，发射0.357英寸（9毫米）史密斯–韦森马格南或火力相对较弱的0.38英寸（9毫米）史密斯–韦森特种弹这两种子弹，其8发弹巢为无沟槽式设计，以增加强度。该手枪使用的是不锈钢底把，并且使用哑光表面处理和木质握把。

美国史密斯–韦森M629手枪

小档案	
口　径：	11.17毫米
全　长：	327.66毫米
有效射程：	50米
枪口初速：	448米/秒
弹容量：	6发

M629手枪是美国史密斯–韦森公司设计生产的左轮手枪。该手枪于1979年开始生产，采用不锈钢枪身、隐藏退壳杆，枪管和弹巢的距离只有0.15毫米，以圆柱状棘爪形装置使枪身和弹巢吊杆贴近，以增加威力及减少弹巢间隙造成喷出的高压气体。整支手枪以不锈钢底把制成，具有消减眩光的磨砂黑色外观。

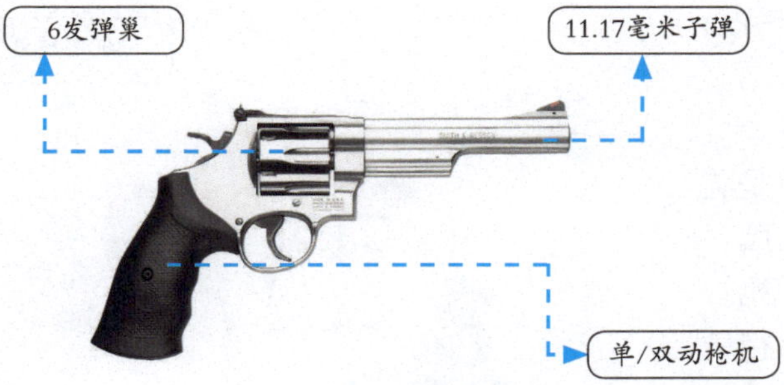

美国史密斯–韦森M640手枪

M640手枪是美国史密斯–韦森公司于20世纪90年代研制生产的一款5发式左轮手枪，采用J形底把，枪身全由不锈钢制成。尽管M640手枪的底把很小，枪管也较短，但该手枪却坚固耐用，准确度也相当高。目前，M640手枪仍是美国警察局的备用武器。

小档案	
口　径：	9毫米
全　长：	166.62毫米
有效射程：	23米
枪口初速：	400米/秒
弹容量：	5发

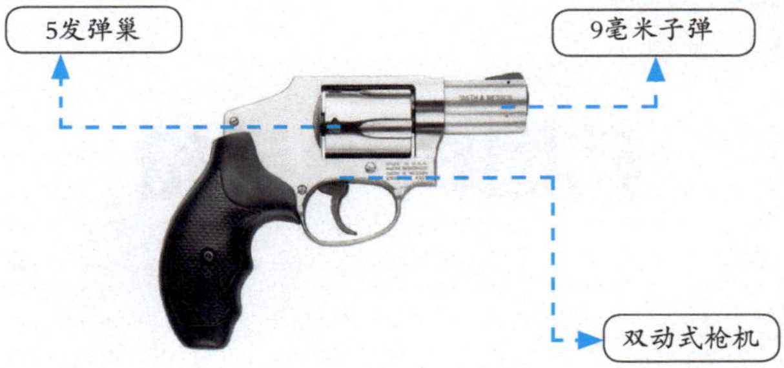

美国史密斯–韦森M646手枪

小档案	
口　径：	10毫米
全　长：	241.3毫米
有效射程：	30米
枪口初速：	310米/秒
弹容量：	6发

M646手枪是由美国史密斯–韦森公司研制的6发式双动左轮手枪，于2000～2003年间生产。M646手枪具有不锈钢材质底把与钛合金弹巢，其不同寻常之处在于，它使用了一般只有半自动手枪才会使用的无缘式子弹。为了能够有效地使用0.40英寸（10毫米）史密斯–韦森无缘式子弹，该手枪需要使用月形夹。然而，与其他使用月形夹的左轮手枪不同，M646手枪在没有月形夹时不能发射子弹。

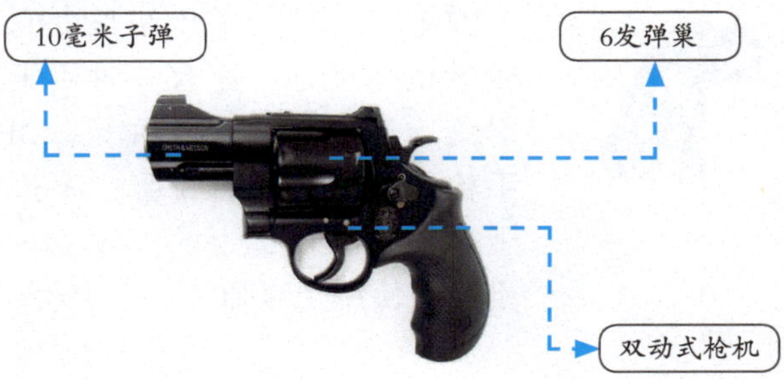

美国鲁格“阿拉斯加人”手枪

小 档 案

口　径：	11.17毫米
全　长：	190毫米
有效射程：	50米
枪口初速：	427米/秒
弹 容 量：	8发

“阿拉斯加人”（Alaskan）手枪是美国鲁格公司以1999年推出的“超级红鹰”系列左轮手枪为基础改进的大口径短枪管左轮手枪，其设计理念是“世界上口径最大的短枪管左轮手枪”。该手枪的制造加工方法与“超级红鹰”手枪完全相同，其枪管粗短，通过转轮两侧前方隐约能看到大口径枪弹弹头，而且它的准星相当高，这是为缓解强劲的后坐力而采取的措施，弹头开始在枪管内移动的一瞬间，就会产生后坐力，弹头越重，后坐力也越大。

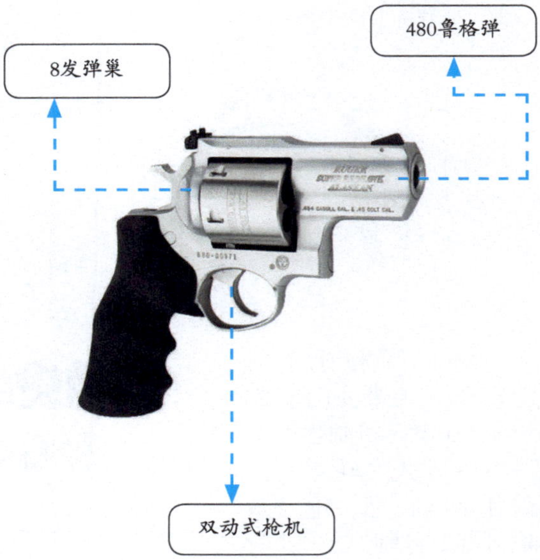

美国BFR手枪

小 档 案

口　径：	11.43毫米
全　长：	444.5毫米
有效射程：	50米
枪口初速：	320米/秒
弹 容 量：	5发

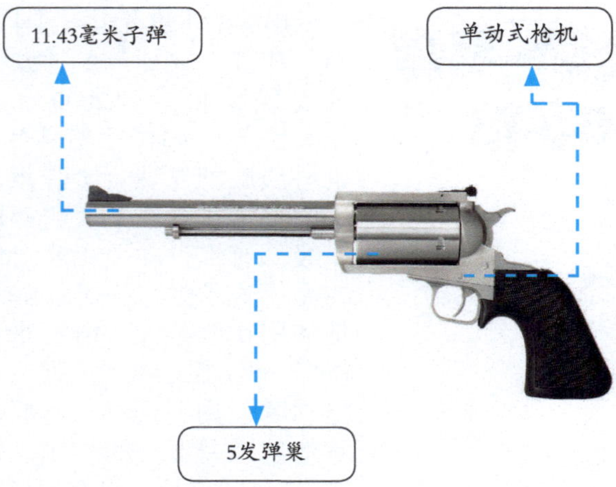

BFR（Biggest Finest Revolver）手枪是由美国马格南研究所设计生产的单动操作左轮手枪，整体由不锈钢制成。该手枪有两种基本型号，主要区别在于弹巢长度，除了传统长度的左轮手枪弹巢外，还有一种用于发射大口径步枪弹的长弹巢。BFR手枪可以发射多种子弹，不过由于机械结构设计上的问题，一般不建议使用无缘弹。

俄国/苏联/俄罗斯纳甘M1895手枪

小档案	
口　　径：	7.62毫米
全　　长：	235毫米
有效射程：	22米
枪口初速：	272米/秒
弹 容 量：	7发

M1895 手枪是由比利时工业家莱昂·纳甘为沙俄军队研发的双动式左轮手枪。与大部分左轮手枪的运作原理不同，M1895 手枪采用了特殊的气体密封式设计，在手枪的击锤被拉低后其弹巢会向前移动，同时也封闭了弹巢与枪管之间的空隙，增加了子弹的初速，并允许武器能够被消音。M1895手枪在沙俄军队服役期间，普遍被认为是坚固和可靠的。二战期间，加装了抑制器的 M1895 手枪被苏联侦察部队、特种部队以及内务人民委员会所采用。

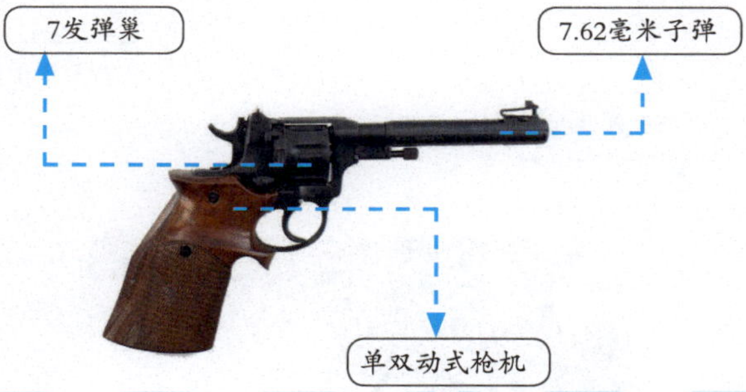

俄罗斯MP-412 REX手枪

小档案	
口　　径：	9毫米
全　　长：	232毫米
有效射程：	50米
枪口初速：	285米/秒
弹 容 量：	6发

MP-412 REX（Revolver for Export）手枪是由俄罗斯伊热夫斯克兵工厂设计生产的左轮手枪，虽然其主要目的是用作出口，但由于缺乏市场所以并没有大规模生产。MP-412 REX 手枪较为独特的设计在于它的折开式装填设计，且具有自动退壳的功能，这种设计很少用在现代左轮手枪上。MP-412 REX 手枪的枪管底部由复合材料制成，必要时用户可以将握把从钢架式枪管上拆除。

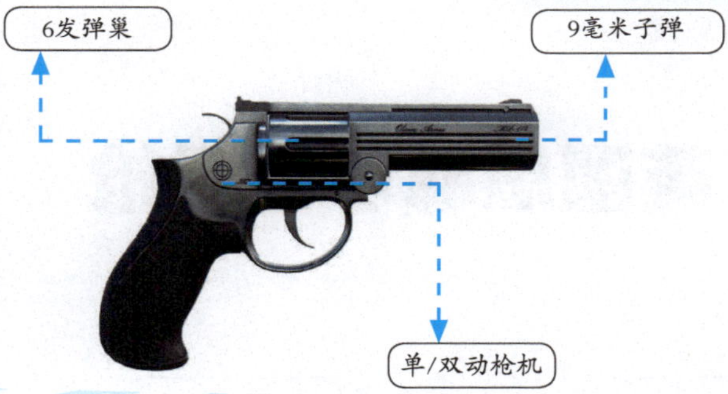

俄罗斯DOG-1手枪

小档案	
口　　径：	12.5毫米
全　　长：	230毫米
有效射程：	50米
枪口初速：	320米/秒
弹 容 量：	6发

DOG-1 手枪是俄罗斯瓦杰斯基波利亚尼兵工厂为警察研制的一种使用大口径特种弹的左轮手枪。其操作方式比较麻烦，而且转轮轴容易丢失，转轮容易跌落。该手枪可使用 12.5 毫米口径的特种弹，包括钢球弹、塑料弹、橡胶弹、催泪毒气弹和染色弹等。它的发射方式为常规双动式，击锤外露，扣动扳机可双动发射，也可手扳击锤以单动方式发射。

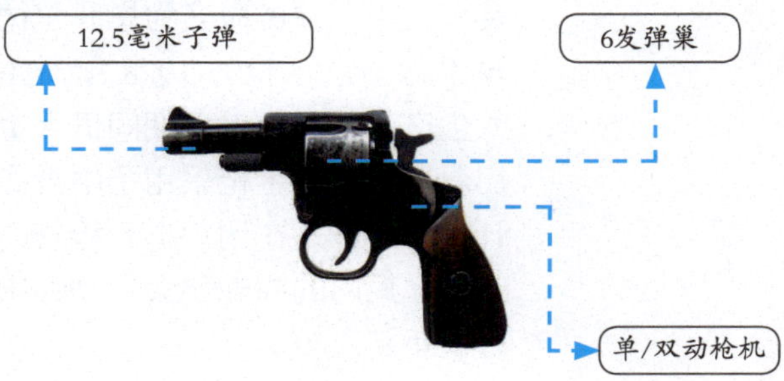

英国
博蒙特·亚当斯手枪

小 档 案

口 径：	11.22毫米
全 长：	286毫米
有效射程：	30米
枪口初速：	190米/秒
弹 容 量：	5发

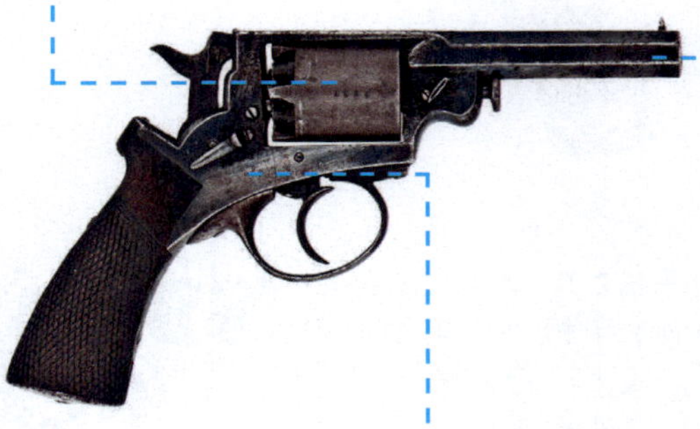

博蒙特·亚当斯（Beaumont Adams）手枪是由英国伦敦兵工厂设计生产的左轮手枪，在1862～1880年间为英国及其殖民地军警装备的制式手枪。在祖鲁战争、第一次布尔战争、美国内战等战争中，博蒙特·亚当斯手枪均有出现。该手枪曾在欧洲数个国家及美国特许生产。20世纪20年代，博蒙特·亚当斯手枪被恩菲尔德左轮手枪取代。

英国恩菲尔德手枪

小 档 案

口 径：	9.65毫米
全 长：	260毫米
有效射程：	13米
枪口初速：	189米/秒
弹 容 量：	6发

一战结束后，英国军队开始寻求一款重量较轻、方便速射的左轮手枪，以取代博蒙特·亚当斯左轮手枪等老旧的武器。后来，韦布利·斯科特设计的新型左轮手枪被英军选中，并被命名为恩菲尔德左轮手枪。该手枪在1928年开始投入生产，英军在二战期间仍大量使用。恩菲尔德手枪采用了中折式设计，其特征是在用户折开枪管的同时，弹巢内的弹壳便会自动弹出，方便重新装填。

法国MR-73手枪

小档案

口　径：	9毫米
全　长：	195毫米
枪管长：	76毫米
枪口初速：	190米/秒
弹容量：	6发

MR-73 手枪是由法国马努林公司生产的一款双动式左轮手枪。每支 MR-73 手枪在出厂前都必须经过超过 12 小时的手工装配，所以价格比美国制造的品牌高 50%。MR-73 手枪采用双动式扳机的设计，并能够以单动式或双动式进行射击，手枪结构简单可靠，射击过程平滑顺畅，并且还拥有比赛级的精度，这些特点使得 MR-73 在左轮手枪中堪称经典。另外值得一提的是，MR-73 手枪还采用了滚珠式扳机系统，这是它的特色之一。法国特种部队还为 MR-73 手枪配备了现代化的瞄准镜，使其成为反恐作战的利器。

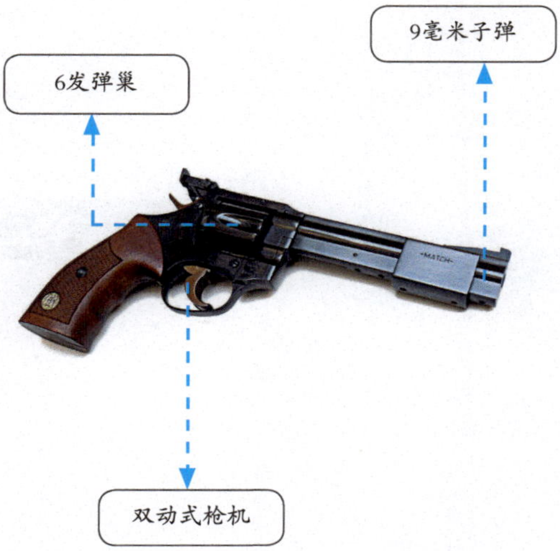

法国MAS 1873手枪

小档案

口　径：	11毫米
全　长：	240毫米
有效射程：	50米
枪口初速：	210米/秒
弹容量：	6发

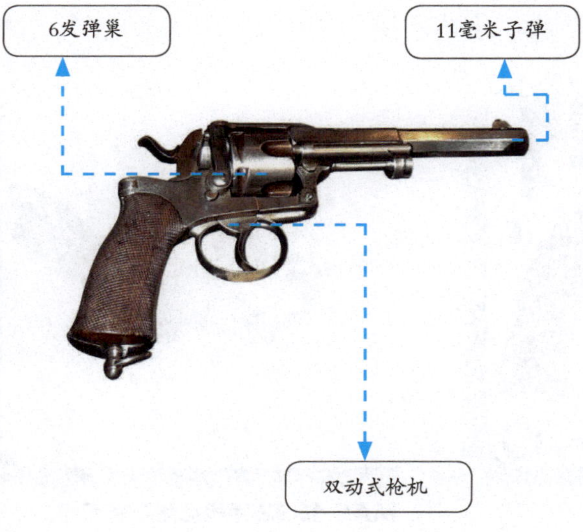

MAS 1873 手枪是由法国圣埃蒂安武器制造厂生产的左轮手枪，是法国军队采用的第一种双动式左轮手枪。MAS 1873 手枪的弹巢侧面有一个进弹口，装填时需把它向后方拉出。其瞄具视点为一个球体和“V”字，而且非常容易对齐，但由于是双动式扳机的缘故，所以该手枪在直接扣动扳机进行射击时会较难命中目标，不过这也令其不易被意外击发。除此之外，MAS 1873 手枪的保养和分解也相当容易。

法国 MAS 1892手枪

小档案

口　径：	8毫米
全　长：	240毫米
有效射程：	50米
枪口初速：	220米/秒
弹容量：	6发

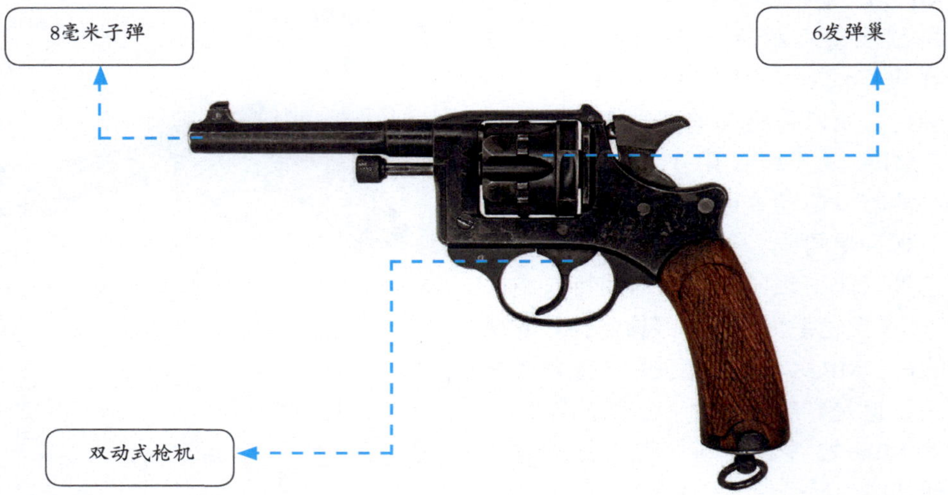

MAS 1892 手枪是由法国圣埃蒂安武器制造厂生产的一款左轮手枪。与其他左轮手枪不同的是，MAS 1892 手枪的弹巢是向右方摆出，摆出后可查看各个膛室的剩弹量，也可把弹壳倒出。位于枪体左边的侧板可以被翻开，方便用户清洁和保养内部零件。此外，MAS 1892 手枪还具有牢固可靠和精确度高等优点，射手可以拉下击锤再扣动扳机以做单动式射击，也可直接扣动扳机做双动式射击。MAS 1892 手枪主要使用 8×27 毫米子弹，这是一种比当代的许多左轮手枪（如其前身 MAS 1873 左轮手枪以及英国制韦伯利左轮手枪）更小直径的枪弹，因此与其他军用手枪相比，其火力相对较弱。

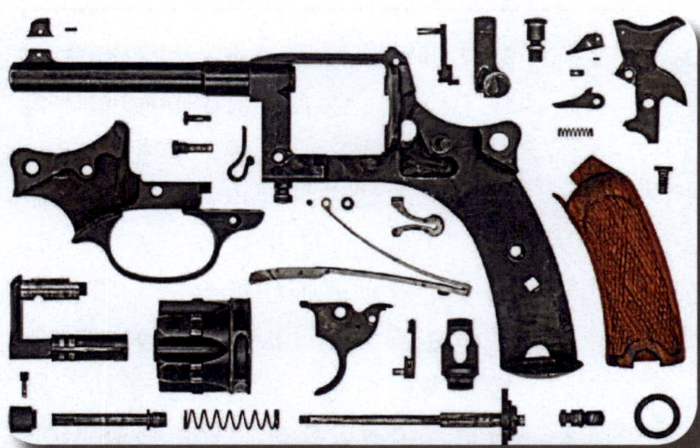

▲ MAS 1892 手枪分解图

▲ MAS 1892 手枪后侧方特写

意大利“犀牛”手枪

小档案	
口　径：	9毫米
全　长：	164毫米
有效射程：	50米
枪口初速：	380米/秒
弹容量：	6发

“犀牛”（Rhino）手枪是由意大利齐亚帕公司设计生产的一款左轮手枪。在外观轮廓上，“犀牛”手枪比一般左轮手枪更为棱角分明，具有一种超前的现代感。该手枪的底把由 7075 铝合金所制造，而枪管、弹巢和其他重要部分则由不锈钢制造。“犀牛”手枪还有一个显著的特点，6 发弹巢的横截面为六边形，而非圆柱形。由于“犀牛”左轮手枪独具匠心，有着让人耳目一新的设计和优秀的性能，所以受到了全世界枪械爱好者的高度赞扬。

奥地利 Pfeifer Zeliska手枪

Pfeifer Zeliska（裴飞福·泽力斯卡）手枪是世界上威力最大的左轮手枪，但因其知名度和实用性均不及著名的史密斯–韦森 M500 左轮手枪，所以很少被人提及。Pfeifer Zeliska 手枪还是世界上体积最大的手枪之一，其质量为 6 千克，巨大的枪身虽然能够承受巨大的后坐力，但也限制了它在狩猎及战斗方面的用途。

小档案	
口　径：	15.24毫米
全　长：	550毫米
有效射程：	200米
枪口初速：	462米/秒
弹容量：	5发

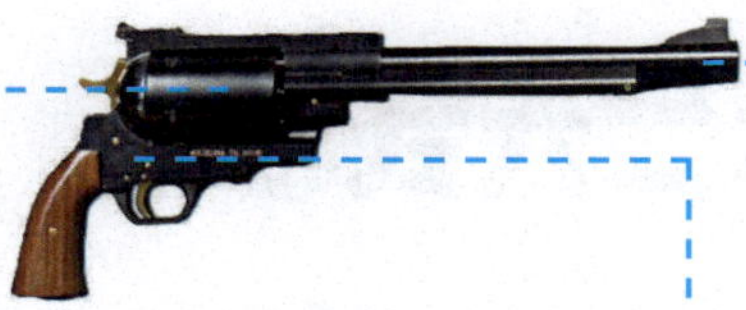

瑞士SMG手枪

小档案	
口　径：	2.34毫米
全　长：	55毫米
有效射程：	30米
枪口初速：	180米/秒
弹容量：	6发

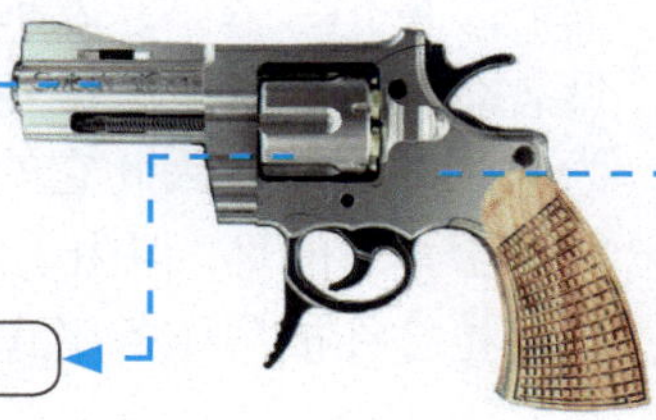

SMG（Swiss Mini Gun）手枪是瑞士枪匠公司设计生产的一款迷你左轮手枪，是世界上最小的枪械，也可以说是世界上最小的热兵器。SMG 手枪可以发射特别研制的 2.34 毫米口径的缘发式子弹（将引药装在弹壳底部突出边缘的子弹），堪称世界上最小的缘发式子弹。SMG 手枪被许多人视为收藏珍品，但因为它具有杀伤性，所以要经过瑞士火器局核准的人士才能购买。自 2005 年上市以来，SMG 手枪销量已经超过 500 支，主要都是被中东和远东的收藏家购买。

巴西M608手枪

小档案	
口　径：	11.43毫米
全　长：	419毫米
有效射程：	50米
枪口初速：	440米/秒
弹容量：	8发

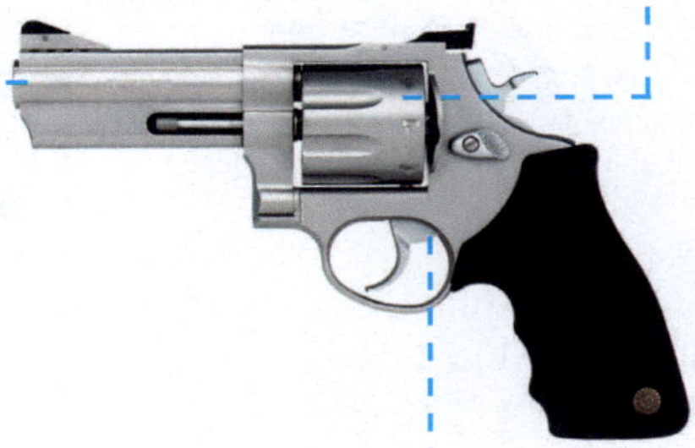

M608手枪是由巴西陶鲁斯公司设计生产的一款左轮手枪，采用了陶鲁斯公司最新开发的扳机机构，其扳机运动非常平稳。M608手枪采用两种枪管，每种枪管的型号又分为发蓝处理和不锈钢两种。该手枪采用山都平（Santoprene）握把（一种黑橡胶握把），握把外形经过精心设计，握持十分舒适。每支M608手枪都有补偿系统，即在枪管顶部肋条上钻有8个孔，这个补偿系统能够有效地抑制枪口上跳，使其后坐力有所减小，且精度没有多大损失。

日本二六式手枪

小档案	
口　径：	9毫米
全　长：	230毫米
有效射程：	50米
枪口初速：	229米/秒
弹容量：	6发

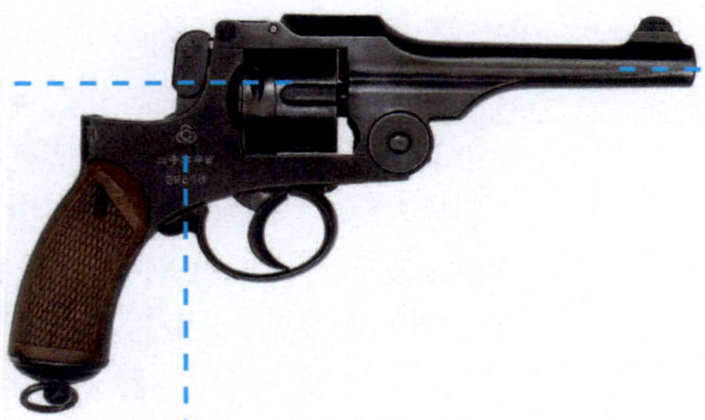

二六式手枪是旧日本陆军采用的第一支现代化手枪，由东京炮兵工厂开发而成，并以日本纪年命名（明治二十六年）。由于设计上只能双动式操作，它没有击槌按把，也无法扳起扳机。由于扣动扳机所需的力量相当大，其发射速率相当低。二六式左轮手枪原本是设计作为骑兵的手枪，因此它的枪托处有可绑上系绳的环。但由于供给缺乏，该手枪往往被用作备用武器。

第5章

光影中的枪械

作为战争类电影中必不可少的元素，每一部战争片或动作片都是武器装备集中展示的大舞台，各种类型的枪械都会让观众回味无穷。对于普通人尤其是青少年来说，电影也是接触枪械的主要途径之一。本章主要介绍一些经典电影中出现过的手枪，可以帮助读者从侧面了解这种独特的武器。

◆《谍影重重》

▲《谍影重重》电影剧照

片名	谍影重重（The Bourne Identity）	首映日期	2002年6月14日
产地	美国	类型	动作、嫌疑、惊悚
时长	119分钟	票房	2.14亿美元（全球）
导演	道格·里曼（Doug Liman）	编剧	托尼·吉尔罗伊
主演	马特达·蒙、克里斯·库柏、弗兰卡·波坦特、朱丽娅·斯蒂尔斯		

★ 剧情简介

在这个故事中，一位失忆的人杰森·伯恩（马特·戴蒙饰）被一艘意大利渔船的人员从海上救起，已奄奄一息，而且他还发现自己正受到职业杀手的追杀。他已全然不知自己的身份和来历，但是他在格斗中、谈吐间和自我防卫方面又显出不凡身手、过人气质，这表明他有着十分危险复杂的经历。在开始对伯恩怀有敌意的玛莉（法兰卡·波坦特饰）的协助下，他开始要努力弄明白自己究竟是谁，以及为什么几乎他遇到的每个人都要将他置于死地。

▲《谍影重重》电影画面

★ 幕后制作

影片改编自通俗小说家罗伯特·鲁德鲁姆于冷战期间创作的同名原著。实际上在电影开拍前，全球就有无数读者已经对杰森·伯恩非常熟悉，他在罗伯特·鲁德鲁姆的笔下是一位具有神秘色彩的英雄人物。小说问世之后，曾经在 1988 年拍摄成电视剧，由理查·张伯伦主演，电影版由擅长拍喜剧片的新一代导演道格·里曼执导。

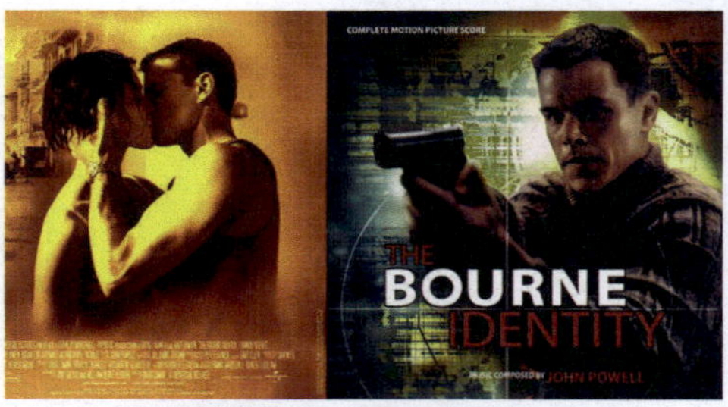

▲《谍影重重》电影宣传海报

★ 枪械盘点

影片中曾出现 SIG P225、SIG P229、PT945、M92FS、瓦尔特 P5、马卡洛夫 PM、格洛克 19 等手枪。其中，SIG P225 手枪出现在影片开始后不久，一名瑞士警察手持 SIG P225 手枪登场，伯恩迅速将其击倒，并下意识地拆解了手枪。

▲ 影片中出现的 SIG P225 手枪

◆《史密斯夫妇》

片名	史密斯夫妇（Mr. & Mrs. Smith）	首映日期	2005年6月7日
产地	美国	类型	喜剧、动作、爱情、惊悚
时长	120分钟	票房	4.7亿美元
导演	道格·里曼（Doug Liman）	编剧	西蒙·金伯格
主演	布拉德·皮特、安吉丽娜·朱莉、文斯·沃恩、亚当·布罗迪、米歇尔·莫纳汉		

▲《史密斯夫妇》电影海报

★ 剧情简介

影片中约翰·史密斯和简·史密斯是一对让人羡慕的平常夫妇，自从五六年前在哥伦比亚相遇，这对俊男美女就一直过着平静的生活。但生活也许太过平静，两人都觉得婚姻就快像坟墓，以至于连婚姻心理医生都不能解决他们之间的缝隙。

不过很快史密斯夫妇就开始发现了生活中的新激情，两人出乎意料地频频受到杀手攻击，而又都惊险地化险为夷，原来彼此尊重的他们从来不知道对方的工作秘密，夫妇两人同为传奇性杀手，训练有素、杀人技巧高超，关键在于他们还为两家对头组织执行任务。

这对完美的间谍夫妻档，最近惊险连环便是因为同时接到了最新任务——刺杀彼此，两人的骄傲与职业道德让刺杀行动节节升级。在经历一连串的“意外”事件之后，史密斯夫妇都明白自已被锁定成暗杀目标，而深爱的对方便是此次的对头。

▲《史密斯夫妇》电影画面

★ 幕后制作

▲《史密斯夫妇》电影人物海报

为营造出逼真形象的动作效果，两位顶级杀手必须要精通各种武器和功夫，于是皮特和朱莉进入被电影人称为“特工学校”的地方进行学习。他们每周要进行一次枪械训练，还有曾在“海豹”突击队服役的教官教给他们简化的特种部队技术和反恐战术。他们从最基础的开始学起，如了解武器、持枪姿势、如何安全有效地使用，进而发展为移动通过，射击有难度的目标等。基础学习完成后，还要学习在行动中如何依靠智慧，随机应变，处变不惊。

影片中皮特和朱莉装备了当时最新的高科技武器，包括电击枪和眩晕枪，从 MP5 型冲锋枪到光学瞄准并配有高容量弹夹的精密手枪，所以他们要花费大量时间去演练、测试。教官严格要求演员的行动真实可信，而非凭空想象，甚至连武器的射程都要精细掌握，而且皮特和朱莉的一举一动都要显得驾轻就熟，目的就是要和真实的场面如出一辙。

★ 枪械盘点

影片中曾出现过 M9、M92F、M93R、M1911A1 等名枪。在上面的剧照中我们可以看到安吉丽娜·朱莉手持双枪，而她拿的就是闻名世界的意大利伯莱塔 M92F 手枪，同时也是美军现役的军用制式手枪，不过在美军编号序列中被称为 M9。

▲《史密斯夫妇》电影中出现的 M9 手枪

《敢死队》

▲《敢死队》电影宣传海报

★ 剧情简介

影片中一群雇佣兵接到一个特殊任务，要求他们渗透到南美某国，并推翻那里的独裁统治；当他们开始行动的时候局势突然失控，种种危机表明他们落入充满欺骗和背叛的陷阱，行动遭受重创，无辜的生命受到牵连，命悬一线；与此同时，他们还要面对一个更加危险的挑战：一股秘密势力企图让整个团队人间蒸发。

片名	敢死队（The Expendables）	首映日期	2010年8月20日
产地	美国	类型	动作、冒险、惊悚
时长	99分钟	票房	2.66亿美元
导演	西尔维斯特·史泰龙（Sylvester Stallone）	编剧	西尔维斯特·史泰龙、大卫·卡拉汉
主演	西尔维斯特·史泰龙、杰森·斯坦森、李连杰		

▲《敢死队》电影画面

★ 幕后制作

《敢死队》是一部由西尔维斯特·史泰龙自编、自导、自演的美国动作片，电影是向 20 世纪 80 ~ 90 年代的动作电影致敬，也因此汇聚了大批动作片巨星，包括史泰龙、施瓦辛格、杰森·斯坦森、李连杰等。

★ 枪械盘点

影片中曾出现过格洛克 17、M1911A1、P226 等名枪，剧中人物老枪拿的是特制的 M1911A1 手枪，曾在追击阴阳和巴尼时使用。

▲ 影片中出现的 M1911A1 手枪（由最右侧演员持有）

◆《黑暗骑士》

片名	黑暗骑士（The Dark Knight）	首映日期	2008年7月16日
产地	美国	类型	动作
时长	152分钟	票房	10亿美元
导演	克里斯托弗·诺兰（Christopher Nolan）	编剧	西尔维斯特·史泰龙、大卫·卡拉汉
主演	克里斯蒂安·贝尔、希斯·莱杰、迈克尔·凯恩		

▲《黑暗骑士》电影宣传海报

★ 剧情简介

影片中布鲁斯·韦恩（克里斯蒂安·贝尔）觉得自己已经走出困扰自己多年的梦魇，不再因半夜梦见父母被杀的情景而被吓醒。布鲁斯也开始跟自己的童年玩伴，如今是歌谭镇副检察官女士瑞秋（玛姬·吉伦哈尔）约会，瑞秋是少数知道布鲁斯是“蝙蝠侠”这一身份的人，两人的关系进展顺利。直到有一天，歌谭镇检察官哈维（艾伦·艾克哈尔）的出现让布鲁斯又喜又忧。哈维首先是个相当正义的人，他极力打击歌谭镇的各种坏人，对维持整个城镇的治安起到很重要的作用，连布鲁斯都认为自己可以退休，不必再化身“蝙蝠侠”出来行侠仗义了，但哈维似乎对瑞秋很有好感，两人的关系变得有点暧昧，这让布鲁斯有点担心。

然而，这些情感的戏码还没有展开就被血腥的罪案给冲掉了，一个脸涂彩粉容貌恐怖自称小丑（希斯·莱杰）的男人开始向歌谭镇市民发出恐怖宣言。他通过电视宣布，他每天都会杀一个人，然后把尸体吊在歌谭镇警署门口，他将这一行动称为“曝光蝙蝠侠”行动，要结束这一行动的方法只有一个，那就是“蝙蝠侠”在公开场合揭下面罩。

布鲁斯在老管家阿尔弗雷德（迈克·凯恩）的支持下重新变身“蝙蝠侠”出门寻找小丑，然而“蝙蝠侠”每次都被小丑玩弄于股掌之中。哈维检察官也在全力追击小丑，不过有一次哈维被小丑捕获，幸得“蝙蝠侠”相救而逃了出来，自此，哈维倒成了小丑的目标。小丑抓住机会将哈维半边脸给毁了，并向他灌输自己的价值观和理念，哈维竟然成为小丑的信徒，开始化身双面人危害社会。“蝙蝠侠”陷入困境，因为他要同时对付两大恶人，而且还与歌谭镇几大黑帮结下梁子。

▲《黑暗骑士》电影画面

★ 幕后制作

▲《黑暗骑士》电影人物特写

影片故事是由克里斯托弗·诺兰和大卫·S.高耶共同构思出来的，然后由乔纳森·诺兰负责执笔润色剧本。虽然这已经是克里斯蒂安·贝尔第二次穿起“蝙蝠侠”的紧身衣了，但是他仍然要为这个角色进行一些相应的特训，因为“蝙蝠侠”到了这一集故事中，拥有了许多全新的特性，某些能力也得到了成比例的提升。贝尔说：“需要得到特训的，不仅仅是新加入进来的元素，原来的一些技能也得进行重新巩固。现在他们可算是对我非常了解了，甚至连我走路时胳膊摇摆的方式，也模仿得丝毫不差。”

★ 枪械盘点

影片中曾出现过格洛克 26 手枪，手枪威力较大，而且机构动作也可靠，容弹量大，不失为一把好手枪。

▲曾在电影中亮相的格洛克 26 手枪

参 考 文 献

[1] 军情视点 . 袖里藏针：全球手枪 100. 北京：化学工业出版社，2014.

[2] 铁血图文. 世界经典手枪 TOP10. 北京：人民邮电出版社，2015.

[3] William Fowler. 世界手枪与冲锋枪百科全书. 北京：机械工业出版社，2014.

[4] 黎贯宇. 世界名枪全鉴（珍藏版）——手枪. 北京：机械工业出版社，2013.

[5] 李大光. 360° 全解兵器：手枪. 成都：四川少儿出版社，2017.